锌冶炼高硫渣资源化处置

田 磊　徐志峰　王瑞祥　等编著

北 京
冶金工业出版社
2025

内 容 提 要

本书共 5 章，主要内容包括硫黄、闪锌矿氧压浸出和高硫渣的概述，典型高硫渣的工艺矿物学分析，高硫渣不同组分和硫黄包裹行为研究，高硫渣中单质硫回收技术和高硫渣中有价元素回收技术。

本书适合科研院所涉及锌冶炼过程及二段氧压浸出渣综合处理研究的环保、化工人员，高等院校冶金相关专业的高年级本科生、研究生、教师，以及企业工程技术人员阅读参考。

图书在版编目（CIP）数据

锌冶炼高硫渣资源化处置 ／ 田磊等编著． -- 北京：冶金工业出版社，2025．6． -- ISBN 978-7-5240-0196-6

Ⅰ．TF813

中国国家版本馆 CIP 数据核字第 20250RM293 号

锌冶炼高硫渣资源化处置

出版发行	冶金工业出版社	**电　话**	（010）64027926
地　址	北京市东城区嵩祝院北巷 39 号	**邮　编**	100009
网　址	www.mip1953.com	**电子信箱**	service@ mip1953.com

责任编辑　杨盈园　美术编辑　彭子赫　版式设计　郑小利
责任校对　王永欣　责任印制　范天娇
三河市双峰印刷装订有限公司印刷
2025 年 6 月第 1 版，2025 年 6 月第 1 次印刷
710mm×1000mm　1/16；9.5 印张；186 千字；144 页
定价 **78.00** 元

投稿电话　（010）64027932　投稿信箱　tougao@cnmip.com.cn
营销中心电话　（010）64044283
冶金工业出版社天猫旗舰店　yjgycbs.tmall.com
（本书如有印装质量问题，本社营销中心负责退换）

前　言

　　金属锌及锌的化工产品在国民经济各个领域中都占有十分重要的地位。我国是锌资源大国，也是锌生产消费大国。对于我国锌矿资源的开发利用，一方面要实现锌精矿的高效开发，即冶炼工艺上的突破；另一方面要注重锌精矿中有价金属元素的综合回收，这就需要对冶炼过程中有价金属元素的行为做详细分析。锌的生成方法分为火法炼锌和湿法炼锌两大类。与传统焙烧酸浸工序对比，锌精矿氧压浸出实现了全湿法炼锌，具有元素回收率高、原料适应性广、过程工艺简单、污染少等优点，但是产出的危险废渣问题也亟待解决。

　　本书首先对锌冶炼、硫化锌精矿氧压浸出以及高硫渣来源、回收方法、处置意义等进行了概述，并着重阐述了高硫渣工艺矿物学，对高硫渣的物质组成、定量分析、粒度分布、嵌布特征、矿物解离度等进行了详细的分析，以求精细认知高硫渣中不同矿物间嵌布特征，为后续实验提供基础数据和理论依据。其次，采用石英透明反应釜和高速摄像机等特殊手段研究了锌冶炼高硫渣中组分赋存规律及硫黄包裹行为，获得了硫黄在不同条件下与高硫渣其他组分的结合规律，并建立了相关的数学模型。再次，探究了采用正癸烷溶解、常压蒸馏分离和真空蒸馏分离等方法回收硫黄的效果，并对不同方法分离前后的渣相和最终产品硫黄进行了分析。最后，研究了高硫渣脱硫后有价金属 Zn、Fe、Ga、Ge 的回收过程。希望本书对我国湿法炼锌行业有所贡献，对从事该领域研究的科技工作者有所帮助。

　　本书第 1 章至第 3 章、第 5 章由徐志峰、田磊、王瑞祥、龚傲、周杰编写，第 4 章由田磊、温盛汇编写。

　　由于作者水平所限，书中不妥之处，敬请读者批评指正。

作　者

2025 年 1 月

目　　录

1 绪　　论

1.1　锌冶炼概述

1.1.1　锌资源现状

锌作为有色金属的一种，因其具有良好的耐磨性、压延性、铸造性、抗腐蚀性等被广泛应用于国民各个行业中，尤其是在航空、航天、冶金、印刷、电器、医药、船舶等行业有着举足轻重的地位，目前其消费量已经成为仅次于铝和铜的第三大有色金属。由于出色的抗腐蚀性能，锌有近50%用于涂层，如钢材的防护层；此外，锌还广泛应用于合金铸造、电池、农业等领域。

全球的锌资源储量较丰富，除南极洲外的其他六大洲均有分布，但是也存在分布不均衡的问题。根据美国地质调查局（USGS. 2021）公布的数据，截止到2020年，全球锌资源储量19亿吨，锌金属储量2.5亿吨。澳大利亚是全球锌资源储量最多的国家，其次是中国、俄罗斯、墨西哥和秘鲁，五国的锌资源储量分别为6800万吨、4400万吨、2200万吨、2200万吨、2000万吨，共计占到世界总量的70%以上。近几十年来，伴随着各国勘探技术的进步，锌矿资源始终处于发现和开采的动态平衡当中，并未明显增加或降低。全球锌资源开采量及储量见表1-1。

表1-1　全球主要国家锌资源开采量和储量（2021年美国地质调查局）

国家	开采量/万吨		储量/万吨
	2019年	2020年	
美国	75	67	1100
澳大利亚	133	140	6800
中国	421	420	4400
印度	72	72	1000
哈萨克斯坦	30	30	1200
墨西哥	67	60	2200
秘鲁	140	120	2000

国家	开采量/万吨		储量/万吨
	2019 年	2020 年	
俄罗斯	26	26	2200
其他国家和地区	195	200	3400
全世界合计	1159	1135	24300

我国的锌资源分布主要呈现以下特征。

（1）资源总量丰富，分布范围较广，但区域分布不均衡。自然资源部公布的中国矿产资源报告（2022）显示，截止到 2021 年末，中国锌资源储量为 4422.90 万吨，其主要分布于云南、内蒙古和甘肃，三省的储量占比超过 55%。

（2）中型和小型矿床居多，大型和超大型矿床数量较少。澳大利亚和美国多数矿床的储量都在千万吨级以上，个别矿床的储量大于 2000 万吨。但我国的矿床储量基本上在 500 万~1000 万吨，极少有 1000 万吨以上的矿床，其中大型、超大型矿床的数量仅占 1.7%。

（3）贫矿多，富矿少。我国的锌矿床品位多在 8% 左右，个别能达到 15%，相较于澳大利亚多在 13%~15% 的品位，并不具有冶炼优势。

（4）矿石种类和矿物成分复杂，共生组分居多，虽然综合利用价值较大，但单独冶炼的难度也较大。由于锌矿多与铅矿共生，从而形成硫化铅锌矿和氧化铅锌矿，且大多数矿床普遍共伴生铜、铁、银、铝、钨、钴、镉、硫、汞等元素，个别矿床开采的矿石，伴生元素更是多达 50 多种。

（5）成矿区域和成矿时期相对集中，成矿区域多分布于滇西兰坪、西秦岭—祁连山、内蒙古狼山—阿尔泰山、南岭及川滇等，成矿时期多为中生代和古生代。

近些年来，为了实现锌冶炼行业的可持续发展，各国都在积极寻求解决方案。一方面不断提高矿产勘探的强度和水平，增大自身的资源储备量；另一方面，为实现伴生矿的资源化利用，各国也在积极探索贫矿冶炼的技术和手段；除此之外，随着环保压力的不断增加，各国也在积极寻找锌的替代品，如使用铝镁合金或塑料产品替代锌及锌合金产品。

1.1.2　锌冶炼技术

锌在地壳中的丰度为 0.004%~0.2%，目前已知道的锌矿物有 50 多种，例如菱锌矿（$ZnCO_3$）、异极矿 [$Zn_4Si_2O_7(OH)_2 \cdot H_2O$]、红锌矿（$ZnO$）、磷锌矿 [$Zn_3(PO_4)_2 \cdot 4H_2O$]、锌矾矿（$ZnSO_4 \cdot 7H_2O$）、铁闪锌矿 [$(Zn,Fe)S$]、闪锌矿（$ZnS$）等。但是目前冶炼所使用的矿种多为硫化矿和氧化矿，其中硫化矿多

为闪锌矿和铁闪锌矿，氧化矿多为菱锌矿和异极矿。主流的锌冶炼方法主要有两种，即火法炼锌和湿法炼锌，其中，火法炼锌由于环保压力增大和冶炼效率低正被逐步淘汰，取而代之的是湿法炼锌，其产能约占总产能的80%以上。

火法炼锌是把硫化锌矿在高温下（$T>1300\ ℃$）焙烧，使其转变为氧化锌矿后，再使用碳质还原剂还原单质锌，在1100 ℃下，锌汽化形成锌蒸气，后经冷凝器冷凝得到单质锌。在进行高温焙烧过程中不仅可以把硫化矿转变为氧化矿，还可以去除砷、锑等低沸点的杂质，降低对后续碳热还原单质锌的影响。氧化焙烧中产生的烟气主要为SO_2，SO_2经特殊的烟气回收系统用以生产硫酸。火法炼锌的大致工艺流程，如图1-1所示，主要发生以下反应：

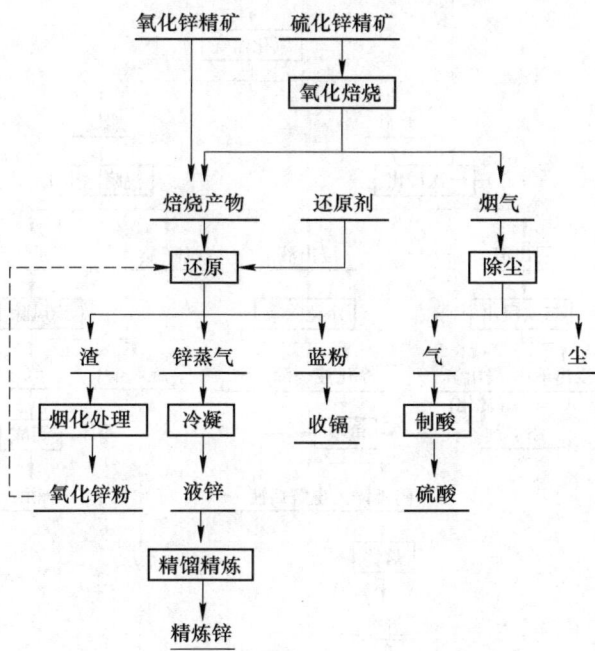

$$2ZnS + 3O_2(g) =\!=\!= 2ZnO + 2SO_2(g) \tag{1-1}$$
$$C + CO_2(g) =\!=\!= 2CO(g) \tag{1-2}$$
$$ZnO + CO(g) =\!=\!= Zn(g) + CO_2(g) \tag{1-3}$$

图1-1　火法炼锌的工艺流程

火法炼锌的具体工艺可以分为平罐炉法、竖罐炉法、电炉法和密闭鼓风炉法。平罐炉法和竖罐炉法是采用间接加热的一种炼锌方法，由于能耗高、效率低、污染严重等缺点已经退出历史舞台。电炉法和密闭鼓风炉法是采用直接加热的方式进行的，目前电炉法也已经基本停用，大多数的工厂采用的是密闭鼓风炉炼锌。密闭鼓风炉不仅可以处理成分复杂的物料，还可以同时冶炼铅锌两种金属，但因为火法炼锌的局限性，产能也仅占世界锌产量的很小一部分。我国目前还保留火法炼锌工艺的工厂有韶关冶炼厂、白银有色集团股份有限公司、陕西东岭冶炼有限公司和葫芦岛锌业股份有限公司。

　　湿法炼锌一般是利用酸性溶液浸出氧化锌，再经过除杂后对锌浸出液电积，从而制备锌金属的方法。针对硫化矿，湿法炼锌分为与火法联用的半湿法炼锌和氧压酸浸的全湿法炼锌。半湿法炼锌的工艺流程包括硫化锌精矿焙烧、氧化锌焙砂浸出、浸出液净化、锌电积和熔铸。具体要求是把硫化锌经沸腾焙烧转变成氧化锌焙砂后，用酸性溶液（一般使用硫酸）在 60~80 ℃下浸出氧化锌焙砂，得到浸出渣和浸出液，浸出液经净化除杂后，采用电积方法在阴极得到金属锌，最后经熔铸得到锌锭。焙烧过程的烟气经处理后生产硫酸，浸出渣和除杂渣经资源化回收工艺提取其中的其他有价金属。半湿法炼锌的具体工艺流程，如图 1-2 所示。

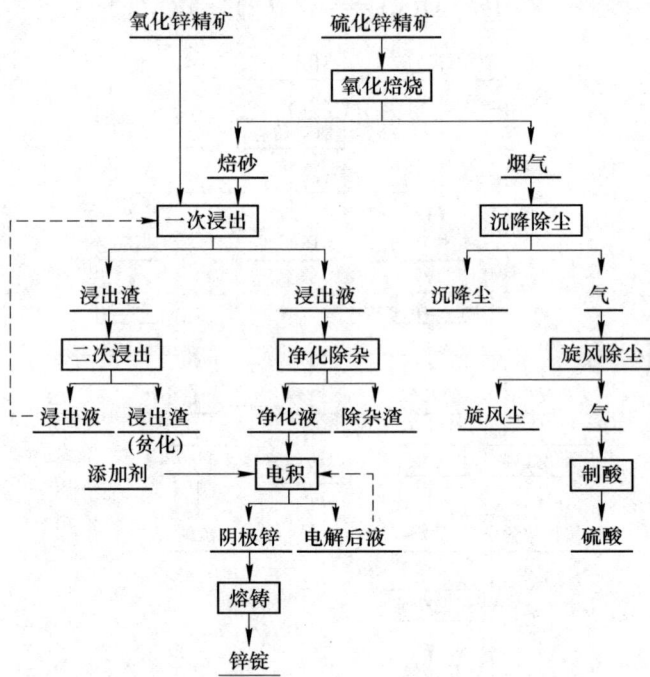

图 1-2　半湿法炼锌的工艺流程

　　自 1916 年美国锌厂实现半湿法炼锌工业化生产以后，半湿法炼锌凭借能耗更低、污染程度更小、更容易机械化控制、锌的回收率和品质更高等优点迅速成为主流。在经历了半个多世纪的发展，随着高温高酸浸出方法和赤铁矿法除铁的大规模应用，有效地提高了锌的浸出率和电积效率，半湿法炼锌一跃成为占据 85% 以上产能的炼锌方法。

　　无论是火法炼锌还是半湿法炼锌，都没能从根源上解决硫元素的走向问题，

硫元素最终都是以 SO_2 的形式随烟气排出冶炼系统。虽然可以使用 SO_2 制取硫酸，但在生产中始终面临烟气泄漏的危险，且外售硫酸在储存和运输中也有诸多危险。为彻底解决硫元素的走向问题，1960 年前后，加拿大谢里特国际公司率先提出硫化锌精矿的氧压酸浸工艺，并在 1981 年正式在特累尔厂投产运行。2004 年，云南永昌公司建成国内首座锌氧压浸出示范工厂，设计产能为每年 1 万吨电锌，此后丹霞冶炼厂和云南驰宏公司等也相继开始引入锌氧压浸出工艺。

锌氧压直接酸浸工艺取消了传统的沸腾焙烧步骤，从根本上解决了硫元素的走向问题。丹霞冶炼厂采用的两段氧压浸出工艺，如图 1-3 所示，即将锌精矿和浸出液按一定的液固比置于高压釜内，在高温、高压、高酸的环境下直接得到含有硫酸锌的浸出液，浸出液再经净化除杂后电积得到电锌。氧压酸浸过程中各主要矿物发生以下反应：

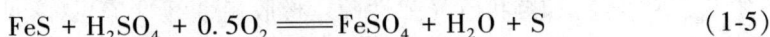

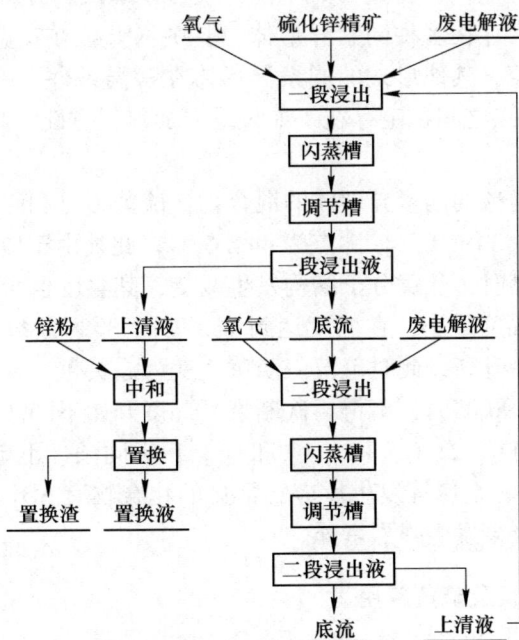

$$ZnS + H_2SO_4 + 0.5O_2 \Longrightarrow ZnSO_4 + H_2O + S \qquad (1\text{-}4)$$

$$FeS + H_2SO_4 + 0.5O_2 \Longrightarrow FeSO_4 + H_2O + S \qquad (1\text{-}5)$$

图 1-3　两段氧压浸出工艺流程

相较于传统半湿法炼锌工艺，氧压酸浸工艺取消了焙烧步骤和烟气制酸系统，硫以单质形式产出，不仅同步解决了烟气泄漏造成的环境污染问题，而且还使得单质硫的存储和运输变得更加安全便捷；此外，氧压酸浸工艺对矿物的包容性更好，在处理高铁闪锌矿和含有铅、铁酸锌、铁氧体的闪锌矿时，也具有良好的浸出率，铅、银等金属的富集程度更高。由于反应是在高压釜内进行的，其生产效率更高，在较短时间内，锌的浸出率即可达到98%以上。为适应锌冶炼行业可持续发展的目标，氧压酸浸工艺有望逐步取代传统冶炼方法，成为炼锌行业的主流工艺。

1.2 硫黄概述

1.2.1 硫黄的物化性质

单质硫俗称硫黄，位于元素周期表第三周期第 VIA 族，原子序数为 16，相对原子质量为 32.06。硫黄质地柔软，以浅黄色固体形式存在，不溶于水，导电和导热性差，晶态硫能溶于有机物四氯化碳中。

S—S 键在结合时能形成多种形式的分子，以其构型区分可分为硫环（如 S_6、S_7、S_8、S_{10} 等）和链状硫（弹性硫、橡胶硫、纤维硫），常见的硫分子多以 S_8 形式存在。S_8 分子在空间中排列方式不同，又可以形成斜方硫和单斜硫等多种单质晶体，所以硫元素存在多种同素异形体。其中斜方硫在室温至 96 ℃之间是热力学最稳定的晶体硫，其他形式的同素异形体在常温条件下终将恢复为斜方硫，单斜硫在 96 ℃至熔点之间稳定存在，如果缓慢加热斜方硫，超过 96 ℃时，它便转变成单斜硫。

一般单质硫黄是硫的同素异形体的混合物，硫黄熔点和沸点均很低，通常认为单质硫的熔点约为 119.0 ℃，沸点为 444.6 ℃。此外由于硫黄分子可以多种形式存在，当温度升高时，硫黄分子结构发生改变，其黏度也会发生变化。温度在 130~155 ℃时硫黄黏度最小，在温度达到 160 ℃时 S_8 环断裂为开链，开链相互缠绕结合，黏度开始升高，此时硫黄由淡黄色变为棕黄色，至 190 ℃时黏度达到最高。当温度高于 190 ℃时，硫链再次断裂，黏度开始下降。硫黄的化学性质很活泼，常见的价态有：-2、0、+2、+4 和+6。在不同条件下硫黄可以和氢、氧、碳、卤素（除碘外）、金属等发生反应，常见的化合物有 SO_2、SO_3、H_2S 等，在与氯化钾或锌粉混合会发生强烈爆炸。

1.2.2 硫黄资源现状及硫黄应用

硫黄在自然界中以单质或化合物形式广泛分布，在地壳中的丰度为 0.048%，单质硫黄主要存在于火山附近，化合物形式主要是以硫化矿或硫酸盐矿物形式存在。目前，世界上已开发利用的硫资源主要为石油、天然气中的回收硫、自然硫及金属硫化物中的硫。我国硫资源比较丰富，储量在 1 亿吨以上，位居世界前五。硫资源主要以硫铁矿为主，分布较为广泛，但贫矿居多，富矿较少。此外还存在伴生硫和自然硫，石油、天然气中的硫资源则较少，在四川威远一带存在一部分酸性气田，而国外硫黄主要来源是石油、天然气，其次才是自然硫和有色金属回收硫，硫铁矿资源较少。和天然硫相比，回收硫纯度更高、质量也稳定，价格相差不大，因此从含硫资源中回收硫将成为主流趋势，也有利于弥补我国硫资源储备的不足。

硫是一种重要的化工元素，硫及硫制品广泛应用于农业、医药、化工、冶金、建材等领域，但最主要的用途是用来制酸，约占85%。硫黄在植物生长过程中极其重要，所以可用来制备农业肥料，此外还可用来制备杀虫药。在工业生产中硫黄可用来制备黏胶纤维、橡胶、染料、火药等；在冶金领域硫黄除了制酸还可用来制备浮选药剂，还可用来做电池；此外硫黄还可制备硫黄混凝土用作建筑材料；在医学硫黄可用来制造外用药及磺胺类药。近些年来我国硫黄需求逐年增加，虽然我国硫黄产量逐渐增长，2019年硫黄产量约7440 kt，同比增长9.4%，但仍需大量进口，据统计，2019年硫黄进口量为11730 kt，同比增长8.8%，硫黄已经是国民生产中不可或缺的产品。

1.3 硫化锌精矿的氧压浸出

1.3.1 氧压浸出的基本原理

在氧压浸出工艺中，硫化锌或铅锌混合精矿直接加压氧化成硫酸锌溶液，硫酸锌溶液的净化和金属锌的电解沉积通过传统工艺来完成。

硫化锌精矿氧压浸出工艺是靠一个简单的基本反应来完成的，即硫化锌精矿与加入的废电解液中的硫酸在一定氧压下反应，以硫化物形式存在的硫被氧化为单质硫、锌转化到溶液中成为可溶性硫酸盐。在缺乏加速氧传递介质的情况下，反应进行得很慢，这种加速氧传递介质为溶解的铁，一般硫化锌精矿中含有大量可溶的铁以满足浸出需要。

1.3.2 硫化锌氧压酸浸原理及各元素走向

锌精矿中除了闪锌矿（ZnS）和铁闪锌矿（nZnS·nFeS）之外，通常还伴生其他金属的硫化物。铁会以类质同象形式存在于铁闪锌矿中，也会以独立的硫化矿物形式存在，如黄铁矿（FeS_2）、磁黄铁矿（Fe_nS_{n+1}）等；铜主要以黄铜矿（$CuFeS_2$）形式存在；铅主要以方铅矿（PbS）形式存在。在锌精矿氧压浸出过程中，各种元素走向及扮演的角色各不相同。锌精矿氧压酸浸过程中各矿物和硫酸发生基本反应为：

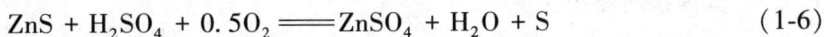

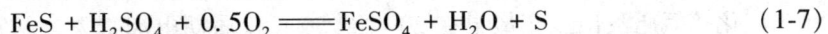

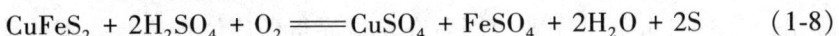

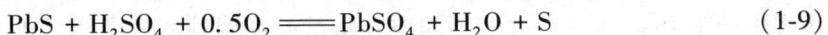

$$ZnS + H_2SO_4 + 0.5O_2 =\!=\!= ZnSO_4 + H_2O + S \tag{1-6}$$

$$FeS + H_2SO_4 + 0.5O_2 =\!=\!= FeSO_4 + H_2O + S \tag{1-7}$$

$$CuFeS_2 + 2H_2SO_4 + O_2 =\!=\!= CuSO_4 + FeSO_4 + 2H_2O + 2S \tag{1-8}$$

$$PbS + H_2SO_4 + 0.5O_2 =\!=\!= PbSO_4 + H_2O + S \tag{1-9}$$

从反应方程式可以看到，氧压酸浸过程中，锌、铜元素主要进入到浸出液中，而硫、铅元素主要以硫黄和硫酸铅形式进入到浸出渣中，随着温度的上升元素硫还可能被氧化为硫酸，不过这部分量很少，仅有5%左右。

而铁元素的行为相对较为复杂，在氧压酸浸过程中需要有一定的可溶性铁来进行氧的传递，以达到加快浸出的目的。实际上硫化锌的氧压浸出是由以下两个反应组成：

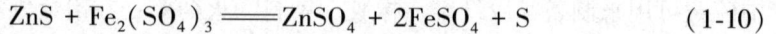

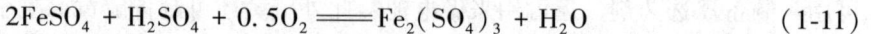

$$ZnS + Fe_2(SO_4)_3 \rightleftharpoons ZnSO_4 + 2FeSO_4 + S \qquad (1\text{-}10)$$

$$2FeSO_4 + H_2SO_4 + 0.5O_2 \rightleftharpoons Fe_2(SO_4)_3 + H_2O \qquad (1\text{-}11)$$

虽然溶液中含有一定量的铁，但随着具体工艺中酸度的不同，铁最终的走向也分为两种。在低酸浸出时高压釜内酸度下降较快，溶液中的铁就容易发生水解沉淀，从而重新释放出硫酸，具体反应如下：

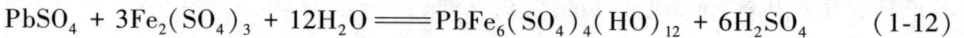

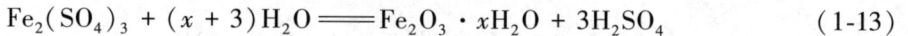

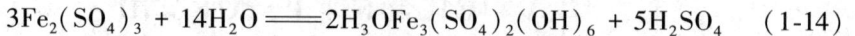

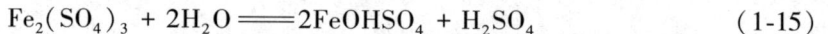

$$PbSO_4 + 3Fe_2(SO_4)_3 + 12H_2O \rightleftharpoons PbFe_6(SO_4)_4(HO)_{12} + 6H_2SO_4 \qquad (1\text{-}12)$$

$$Fe_2(SO_4)_3 + (x+3)H_2O \rightleftharpoons Fe_2O_3 \cdot xH_2O + 3H_2SO_4 \qquad (1\text{-}13)$$

$$3Fe_2(SO_4)_3 + 14H_2O \rightleftharpoons 2H_3OFe_3(SO_4)_2(OH)_6 + 5H_2SO_4 \qquad (1\text{-}14)$$

$$Fe_2(SO_4)_3 + 2H_2O \rightleftharpoons 2FeOHSO_4 + H_2SO_4 \qquad (1\text{-}15)$$

溶液中含有 K^+、Na^+、NH_4^+ 等时，还会生成相应的铁矾盐。

高酸浸出是由于锌精矿中铅和银含量较高，为提高浸出渣中铅和银的品位，通常保证终酸含量不低于 50 g/L，此时由于溶液中酸度始终较高，则可以有效抑制铁的水解。

在工业生产中，氧压酸浸浸出过程的温度一般都在 120 ℃ 以上，高于硫黄的熔点，因此在反应体系中，硫黄是以液态形式存在，而由于硫黄和硫化锌均具有疏水性，因此液态的硫很容易和未反应完全的闪锌矿发生包裹，阻隔电解液和闪锌矿反应，导致锌无法被完全浸取出来。1975 年 kawulka 等人发现了一些表面活性剂，能够有效解决硫黄对硫化锌的包裹问题，从而提高锌的浸出率，氧压浸出技术得以走上历史舞台。

目前工业生产中广泛应用的表面活性剂为木质素磺酸钠，其作用原理是：当木质素磺酸钠加入到反应体系后，可吸附在硫黄或硫化锌表面，其本身含有的极性基团伸向溶液，有效降低硫化锌与硫黄和水的表面张力，表面更加亲水，从而促进了硫黄和硫化锌精矿的分离，提高了锌的浸出率。但是木质素磺酸钠用量需要进行控制，用量过多时，不利于后续浮选回收硫黄。

1.3.3 国内氧压浸出工艺

硫化锌氧压浸出工艺最早在 20 世纪 50 年代后期由加拿大舍利特·高登公司提出，在 1981 年正式工业应用后在全世界得到广泛推广。我国的硫化锌精矿氧压浸出始于 1983 年，经过多年的实验室试验和国外实地考察，于 2004 年 12 月在云南永昌铅锌股份有限公司建成了年产 1 万吨电锌的一段加压浸出电积生产线，并在之后得到迅速发展。

硫化锌氧压酸浸规避掉锌精矿火法沸腾焙烧这一工序，避免了 SO_2 尾气可能泄漏造成的环境危害，它将锌精矿和废电解液按一定比例直接置于高压釜内，在一定温度和氧压条件下直接得到硫酸锌溶液，而后再净化电积得到电锌。在整个工艺流程中，锌精矿中的硫元素大部分生成单质硫黄进入浸出渣中，而后再经浮选、热滤回收单质硫，相比于传统湿法炼锌工艺中硫元素以 SO_2 尾气形式进入烟气，再进行制酸得到硫酸，最终产品为硫黄在储存和运输上都更为便捷。

1.4 高 硫 渣

1.4.1 高硫渣的产生及危害

硫化锌精矿的直接氧压浸出工艺从根本上改变了锌的冶炼方式，实现了锌冶炼的全湿法过程。一方面，相较于火法和半湿法炼锌，氧压浸出工艺使硫元素以单质形式产出后直接进入渣中，这不仅避免了 SO_2 的产生，同时也省去了制酸系统，环保压力较小；另一方面，由于工艺的灵活性高、锌回收率高、原料适用性强等优点，我国已有像云南冶金集团、驰宏锌锗、丹霞冶炼厂、西部矿业等公司实现了锌精矿的两段氧压浸出。在两段氧压浸出工艺中，一段底流和二段底流中均含有大量的单质硫。除此之外，由于闪锌矿的伴生特性和工艺的特殊性，渣中的铅、银等有价金属的富集程度更高，镓、锗等稀散金属也会残留于浸出渣中。

近些年伴随着电锌产能的扩大，我国每年产生超过 60 万吨的浸出渣。浸出渣中的硫主要以单质形式存在，根据原料和生产工艺的不同，单质硫的含量也有较大变化，但基本上维持在 30%~70%。单质硫的着火点较低，且在自然状态下易燃易爆，若采用直接堆存的方式会有较大的安全风险。另外，由于原料的伴生特性，渣中的元素成分复杂，砷、汞、镉等元素在堆存状态下也会有泄漏风险。过去采用堆存的处理方法是由于产能较小，处理费用较低，对于中小企业友好，并且国家并未出台相关法律进行规定。但伴随着产能的扩大，堆存的库址选择变得愈发困难，即使选址确定后，由于环保压力的增加，对堆场的维护投资巨大，且堆场一般有年限限制，随着年限增加，维护费用也会成比例增长。最重要的是自 2016 年 8 月 1 日起，国家开始实施最新的《国家危险废物名录》，锌氧压浸出渣被列入 HW48 有色金属冶炼废物类目，必须经过有资质的危废处理企业进行相关处置，为实现锌冶炼行业的绿色发展，亟须寻求氧压浸出渣的合理处置方法。

高硫渣的收集、贮存、运输、利用和处置等环节均按危险废物管理，处置不当极易引起环境污染事故。另外，除了高硫渣中铅、锌、银、铜等有价金属外，硫是一种重要的化工元素，硫及硫制品广泛应用于农业、化工、冶金、建材等领域。目前，世界上已开发利用的硫资源主要为石油、天然气中的回收硫、自然硫及金属硫化物中的硫。近年来我国硫黄产量逐渐增长，2018 年产量达 618.67 万吨，但每年仍需进口 1000 万吨左右。回收硫与天然硫相比，具有纯度高、质量稳定、杂质少等优点，从含硫资源中回收硫将成为主流趋势，这有利于弥补我国硫资源储备的不足。因此，高硫渣提取单质硫具有保护环境与资源综合回收的双重意义。

1.4.2　高硫渣中硫的回收方法

在冶炼行业中，有许多浸出渣中的硫元素主要以硫黄的形式存在，称之为高硫渣，随着环境保护要求日益严格以及硫黄需求量日益增加，针对高硫渣中的硫黄进行回收利用是十分有必要的。目前高硫渣中单质硫的回收工艺主要分为化学法和物理法两大类。

1.4.2.1　化学法

化学法是利用可溶解单质硫的溶剂，从含硫物料中溶解单质硫，再通过重结晶、热分解等工序制取硫黄产品，溶剂具体包括有机溶剂和硫化铵等无机物。

不同温度下，硫黄在有机溶剂中溶解度不同，有机溶剂法是利用硫黄的这种特性从含硫物料中提取单质硫，使硫黄溶解到有机溶剂中，而后再从有机相中提取硫。可溶解硫黄的有机溶解试剂有：二硫化碳、煤油、甲苯、二甲苯、四氯化碳等。

周勤俭采用二甲苯为溶剂，对含硫 63.42% 的铜铅锌混合精矿氧压酸浸渣进行了硫回收实验研究，研究结果表明，在二甲苯∶渣 = 3∶1，温度为 90 ℃、浸出时间为 10 min 的条件下，硫的回收率可达到 99.1%，最终硫黄产品纯度达到 99.94%，并进行了二甲苯循环试验，经过五次循环使用，二甲苯对硫的回收率仍有 99% 以上，证明了二甲苯循环利用性良好。

杨天足等人也采用二甲苯从湿法炼锑酸浸渣中回收硫，经过实验研究得到较优工艺条件为：液固比为 5∶1 mL/g、浸出温度为 90 ℃，浸出时间为 10 min，最终硫的回收率可达 97.0%。

李振华等人采用四氯乙烯为溶剂，从闪锌矿氧压酸浸渣中回收单质硫，将四氯乙烯和浸出渣按照液固比 8∶1 mL/g 比例混合后，在 110 ℃条件下反应 8 min，单质硫的回收率达到 95% 以上。四氯乙烯经过析硫处理后经过 20 次循环使用仍可保证硫回收率大于 95%。

有机溶剂法回收的硫黄品质较高、单质硫回收率高，并且工艺操作较为简单，但有机溶硫试剂普遍存在易燃、易挥发和毒性大等缺点，对设备安全性和操作时规范性的要求高。

无机试剂主要是采用硫化铵进行硫黄的回收。硫化铵是一种弱酸强碱盐，常温下硫化铵可以和硫发生反应，生成多硫化铵，多硫化铵溶液加热后可分解生成硫黄、氨气和硫化氢，硫黄沉淀在容器底部回收，而 H_2S 和 NH_3 可经冷凝后重新制备为硫化铵循环使用。

褚丽娟等人采用硫化铵法从硫化锌氧压酸浸渣中回收单质硫，将 2.5 mol/L 的硫化铵溶液和浸出渣按 6:1 比例混合后，在 25 ℃下浸出 10 min，最终得到的硫黄产品纯度为 99.16%，硫黄回收率达到 95.8% 以上。

我国金川公司采用硫化铵法处理含硫 67% 的镍电解阳极泥高硫渣，将高硫渣、硫化铵和水按 1:2.75:0.25 比例混合后在常温常压下浸出 30 min，再在 95 ℃条件下将浸出液进行热分解，最终工艺整体的脱硫率可达 90%。

采用硫化铵回收单质硫，操作系统简单，易于控制；但是硫化铵脱硫法不适用于含有贵金属的浸出渣，因为贵金属可溶于多硫化物生成络合物，造成贵金属的损失，此外硫化铵脱硫法得到的硫黄产品因为含有较多的硫化物，导致硫黄产品品位不高。

1.4.2.2 物理法

物理法提硫是利用单质硫熔点、黏度和沸点较低的物理特性，采用特定的物理方式实现单质硫与其他矿物组分的有效分离，具体包括高压倾析法、浮选-热过滤法、真空蒸馏法。

（1）高压倾析法是采用高压釜在加压条件下对含硫物料进行加热，使硫黄呈熔融状态沉积在高压釜底部，排出后降低温度，并通过成型机产出硫黄产品。加拿大 Cominco 公司和 Dynatec 矿业公司建有高压倾析法中试厂，其工艺条件为控制釜内温度为 105 ℃、压力为 1.14 MPa，采用连续给料连续出料的方式进行单质硫的回收，元素硫回收率达到 91%，另有 9% 的元素硫会随倾析溢流被带走，这一部分可通过后续浮选进行回收。在高压倾析过程中，金属硫化物易于熔融混入元素硫，硫黄产品品位不高，仅为 95% 左右。

（2）浮选-热过滤法是利用元素硫的疏水性，在浮选机中通过充气的方式，使空气与矿浆充分接触，硫黄可以附着在上升的空气气泡中，经溢流槽产出浮选精矿，从而实现硫的回收；再利用单质硫在 125~158 ℃温度范围内黏度较低、具有良好流动性的特性，将硫精矿加热至 130~155 ℃，用物理过滤方式实现单质硫熔体与其他固体物料的分离，单质硫熔体冷却造粒后得到硫黄产品。中金岭南丹霞冶炼厂采用浸出矿浆直接浮选-热过滤法回收硫黄，产出硫黄纯度可达 99.5%，但直收率只有 75%~80%，普遍存在高硫渣含硫较高、有价组分协同提取困难等问题。

（3）真空蒸馏法是利用元素硫的沸点低于 444.6 ℃的物理特性，在稍高于

450 ℃温度下使元素硫气化挥发，再经冷凝回收硫黄。李海龙等人采用分批操作模式，在温度为 460 ℃、进料量为 1200 kg 的条件下，产出纯度为 96.22% 的硫黄，硫总回收率大于 85%。真空蒸馏法得到的产品纯度高，但设备复杂、回收成本高，目前仍处于研发阶段。

1.4.3 高硫渣中有价金属的回收

氧压浸出高硫渣中通常还含有铅、锌、银、铜等有价金属，因此有必要对其中含有的有价金属进行进一步的回收利用。

胡雅楠等人将氧压浸锌工艺中产出的高硫渣经过浮选，分离出硫精矿和硫尾矿，硫尾矿投入奥斯麦特富氧顶吹炉铅冶炼系统，经过氧化熔炼、还原熔炼、烟化吹炼工序，产出的粗铅回收了尾矿中的 Pb、Ag、Cu；次氧化锌回收了 Zn、Pb 并返回锌冶炼系统。最终产出一般固废水淬渣堆存外售。其中 Pb、Ag、Zn 的回收率分别为 95.3%、96.91%、85.6%。

杨大锦等人首先通过浮选将硫黄从锌氧压浸出渣中分离出来，而后将浮选尾渣与还原剂混合均匀后直接进行金属化焙烧或造球或通过挤压成形后进行金属化焙烧，从而获得焙砂、铅锌烟尘和二氧化硫烟气，焙砂通过研磨进行磁选，得到铁粉和银精矿从而实现回收；铅锌烟尘进入锌系统进行铅锌回收，二氧化硫烟气按照常规技术经过处理后进入制酸系统，从而实现高硫渣中有价元素的全回收。

罗虹霖等人先将高硫渣进行粉碎，筛选得到粒径为 5~30 mm 的高硫渣，通过浮选得到硫精矿，实现大部分硫黄的回收。将浮选所得滤浆加入煤油并浸泡，过滤后得到滤渣，干燥后加入氧化剂进行氧化，固液分离后得到含有硫酸铜、硫酸镍和硫酸锌的滤渣，向滤渣中加入 $(NH_4)_2S$ 溶液，得到铜镍锌及浸出液，而后通过调节 pH，并加入絮凝剂和沉淀剂，利用沉淀法脱除浸出液中大部分砷、镉和汞，从而实现高硫渣的无害化及资源化处理。

1.5　高硫渣处置的意义

闪锌矿的直接氧压浸出工艺凭借着独有的优势，自出现以来迅速成为炼锌行业的主流，我国目前已有多家冶炼公司实现了锌精矿的两段氧压直接浸出。然而伴随着产能的扩大，锌精矿氧压浸出工艺每年约产生 60 万吨的浸出渣，因为渣中含有砷、汞、镉等毒害元素，传统堆存的处理方式在贮存、运输和利用上稍有不慎不仅会造成严重的环境污染事故，而且堆场的日常维护也面临着巨大的经济压力；除此之外，浸出渣中还含有大量单质硫和铅、锌、铜等有价金属以及银、锗、铟等稀贵金属，我国作为人均资源匮乏的国家，浸出渣也是一种不可多得的矿产资源。近些年，国家为实现可持续发展的战略要求，对环境保护的力度不断增大。因此，浸出渣的合理化处置，对环境保护和资源综合利用具有重要的双重意义。

　　由于浸出渣中的主要成分为单质硫，应该首先进行回收利用，因此本书的研究重点落在了单质硫的回收上。研究采用了不同方法回收浸出渣中的单质硫，首先探究了正癸烷提硫的相关机理和工艺条件对浸出渣中硫提取率的影响，通过对渣相的分析明晰了各个过程中的渣相转变规律，并同步考察了析出条件对硫回收率的影响；其次对比分析了常压蒸馏和真空蒸馏对硫挥发率和残渣的影响；最后对比分析不同回收方法的优缺点，为浸出渣中单质硫的回收利用提供了一定的借鉴意义。

2　高硫渣工艺矿物学分析

工艺矿物学能准确研究矿物的物质组成、定量分析、粒度分布、嵌布特征、矿物解离度等，因此采用工艺矿物学对高硫渣进行研究，以求精细认知高硫渣中不同矿物间嵌布特征，为后续实验提供基础数据和理论依据。

2.1　高硫渣的化学成分

实验所研究高硫渣来自广东韶关冶炼厂的氧压酸浸二段渣，高硫渣的化学分析结果见表 2-1。

表 2-1　高硫渣的化学分析结果

元素	S	Zn	Fe	Cu	Pb	C
含量（质量分数）/%	59.36	18.4	7.03	0.0914	1.392	1.24
元素	Si	Mg	Al	Ca	K	Na
含量（质量分数）/%	2.11	0.27	1.21	2.30	0.35	0.47

2.2　高硫渣的矿物组成

2.2.1　高硫渣的 X 射线衍射分析

高硫渣的 X 射线衍射分析结果表明（图 2-1），渣中主要矿物组成为单质硫、未反应完全的闪锌矿、黄铁矿、硫酸钙和石英等。

2.2.2　高硫渣的物相组成

单质硫是高硫渣中含量最高的矿物，其含量为 43.18%。

其他含硫矿物可分为金属硫化物和硫酸盐两类。其中，金属硫化物主要为闪锌矿，其次为黄铁矿，另有少量黄铜矿、铜蓝、方铅矿、辰砂及毒砂等；硫酸盐矿物主要为硫酸钙，另有少量的铅矾、锌矾和铁矾等。

其他脉石矿物主要为石英、滑石、高岭石、白云母、绿泥石及单质碳等。

矿样中的重要矿物组成及含量见表 2-2。

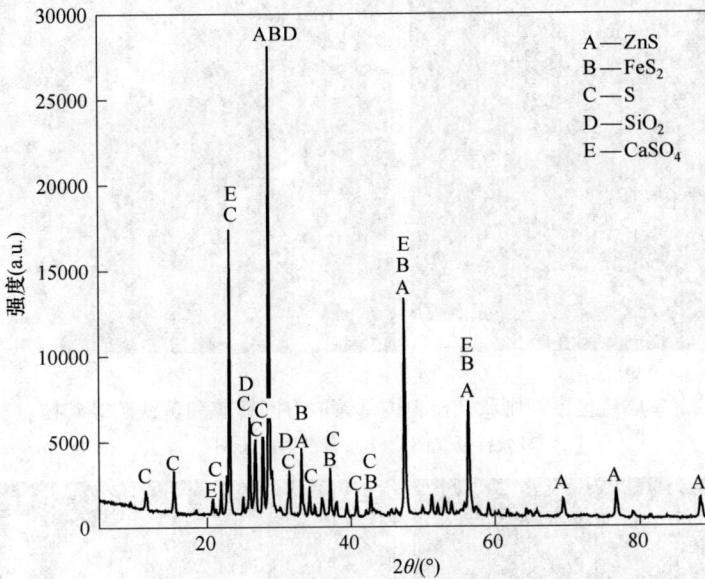

图 2-1 高硫渣的 X 射线衍射图

表 2-2 高硫渣中重要矿物组成及含量

矿物名称	含量/%	矿物名称	含量/%
单质硫	43.18	白云母	2.84
闪锌矿	26.68	石英	2.05
黄铁矿	9.20	滑石	1.98
黄铜矿	0.20	单质碳	1.24
铜蓝	0.04	锌矾	1.24
方铅矿	0.10	铁矾	0.39
辰砂	0.08	绿泥石	0.72
毒砂	0.02	其他	0.31
硫酸钙	7.82	合计	100.00
铅矾	1.91		

2.3 高硫渣中主要矿物的嵌布特征

2.3.1 单质硫

单质硫是高硫渣中含量最高的物质，也是其他物质镶嵌的基底，常以不规则状产出（图2-2），少量呈团斑状产出（图2-3），其内部疏松多孔（图2-4）。单

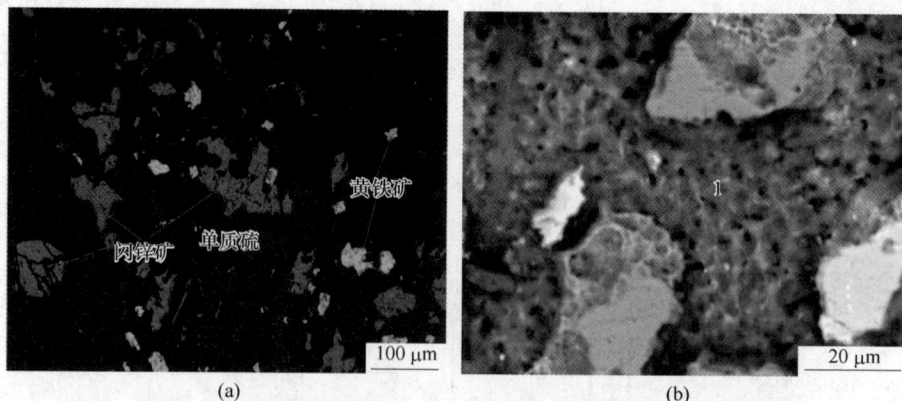

图 2-2　单质硫呈不规则状产出，内部镶嵌有闪锌矿和黄铁矿等矿物
（a）显微镜反光图；（b）背散射电子图

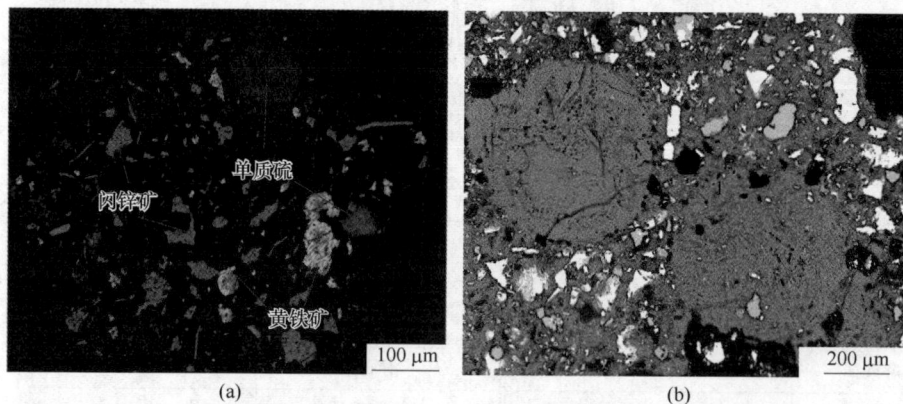

图 2-3　单质硫呈团斑状产出，内部镶嵌有闪锌矿和黄铁矿等矿物
（a）显微镜反光图；（b）背散射电子图

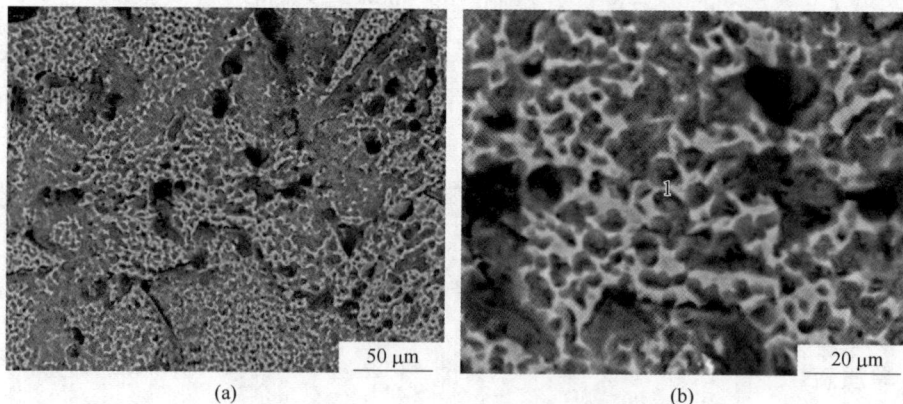

图 2-4　单质硫疏松多孔，呈蜂窝状结构
（a）1000 倍；（b）3000 倍

质硫内部嵌布有大量的闪锌矿和黄铁矿等硫化物（图 2-5），这些硫化物粒度
整体较细，常呈浸染状分布于单质硫中，对单质硫的磨矿解离不利；其次，

100 μm

(a)

扫一扫看
更清楚

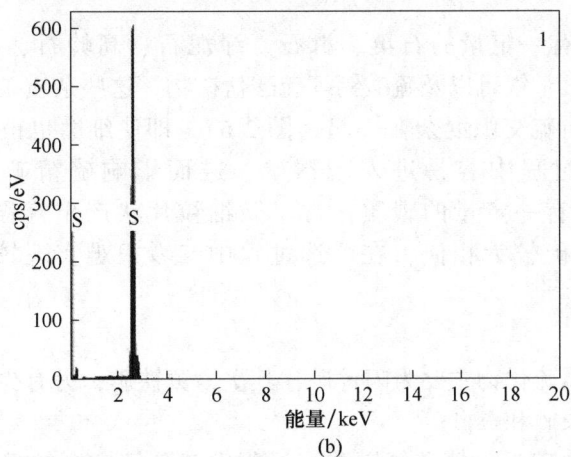

(b)

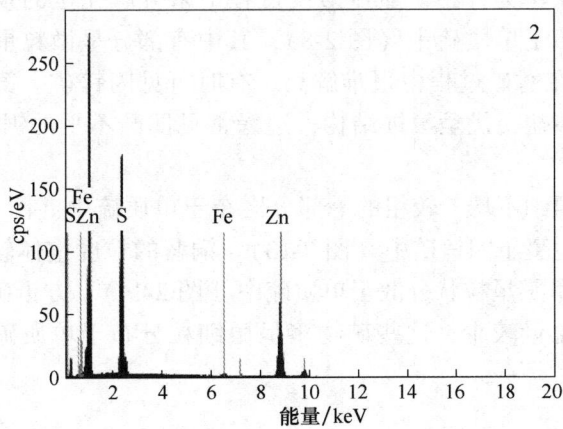

(c)

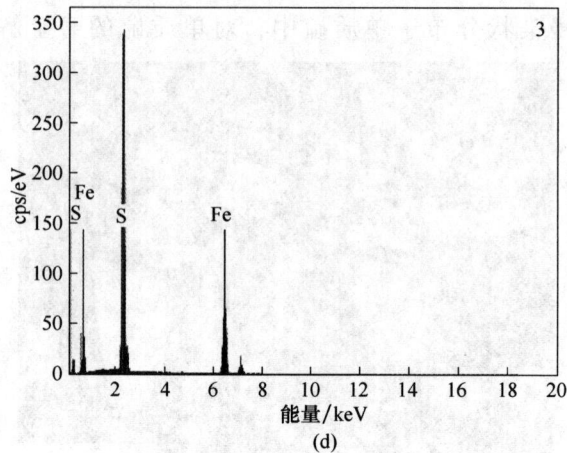

图 2-5　单质硫中嵌布大量的闪锌矿和黄铁矿的背散射电子图
（a）背散射电子图；（b）单质硫；（c）闪锌矿；（d）黄铁矿

单质硫中还包裹有一定量的石英、滑石、绿泥石、高岭石、白云母等硅酸盐矿物和铅矾、锌矾、铁矾以及硫酸钙等硫酸盐矿物，这些杂质矿物大部分粒度十分微细，常与单质硫交织混杂在一起（图 2-6），即使细磨也很难充分解离，在对单质硫的浮选过程中容易进入硫精矿，进而影响硫精矿的品质。此外，单质硫中还分布有一定量的碳质，常呈微细粒片状产出（图 2-7），由于碳质可浮性与单质硫较为相似，在浮选过程中二者很难实现较好的分离。

2.3.2　金属硫化物

浸渣中的金属硫化物主要为闪锌矿，其次为黄铁矿，另有少量黄铜矿、铜蓝及微量方铅矿、辰砂和毒砂等。

闪锌矿和黄铁矿为锌精矿氧压酸浸过程中未分解完全的残留物，主要呈粒状、不规则状分布于单质硫中（图 2-8），其中有部分呈微粒星点状浸染于单质硫中（图 2-9），在磨矿过程中很难解离。有时可见闪锌矿、黄铁矿边缘分别被锌矾、铁矾等硫酸盐交代呈浸蚀结构，边缘常见凹凸不平的锯齿状（图 2-10 和图 2-11）。

黄铜矿粒度粗细不均，较粗的一部分嵌布于单质硫中（图 2-12），较细部分则主要呈乳滴状包裹于闪锌矿中（图 2-13）。铜蓝的粒度整体较细，基本都分布在 10 μm 以下，呈零星粒状分散于单质硫中（图 2-14）。方铅矿、硫化汞与铅矾呈微细粒产出的含量较少，这些矿物多呈微细粒分布于单质硫中（图 2-15 ~ 图 2-17）。

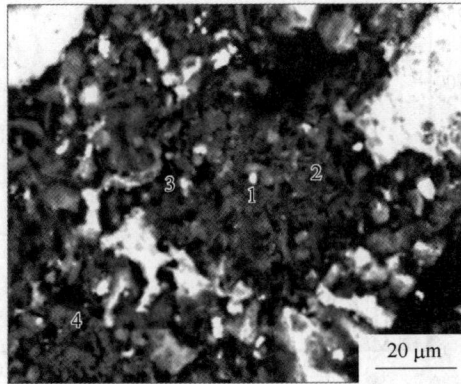

(a)

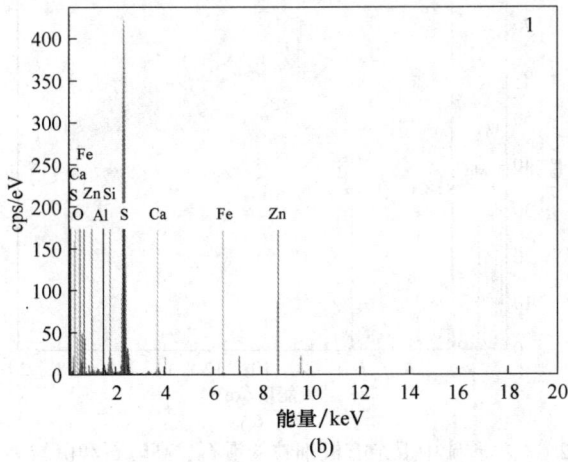

(b)

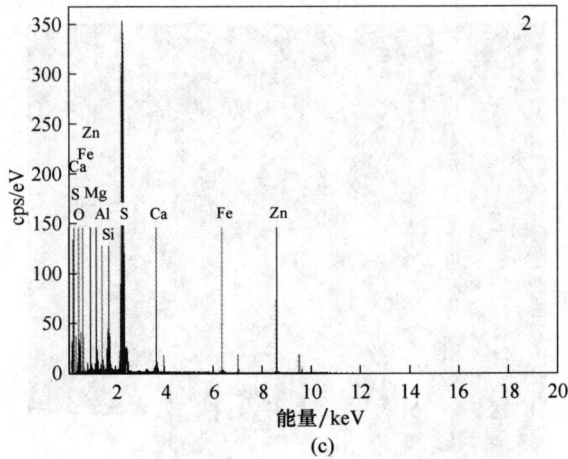

(c)

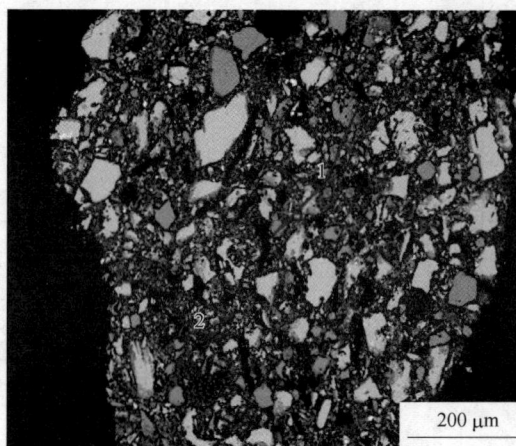
(d)

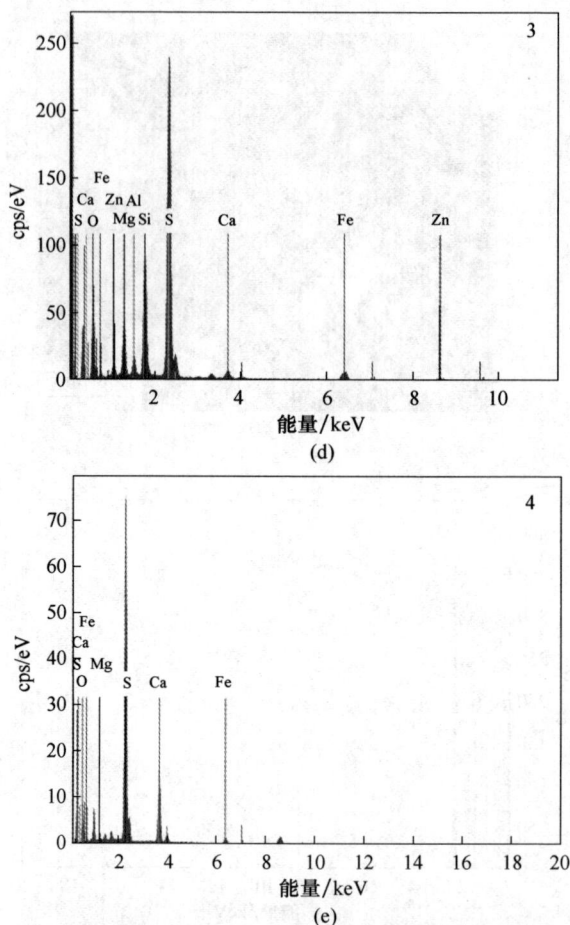
(e)

图 2-6　单质硫中混杂有极细粒的滑石、高岭石和硫酸钙等

（a）背散射电子图；（b）单质硫；（c）（d）单质硫与滑石、高岭石的混谱；（e）硫酸钙

(a)

扫一扫看
更清楚

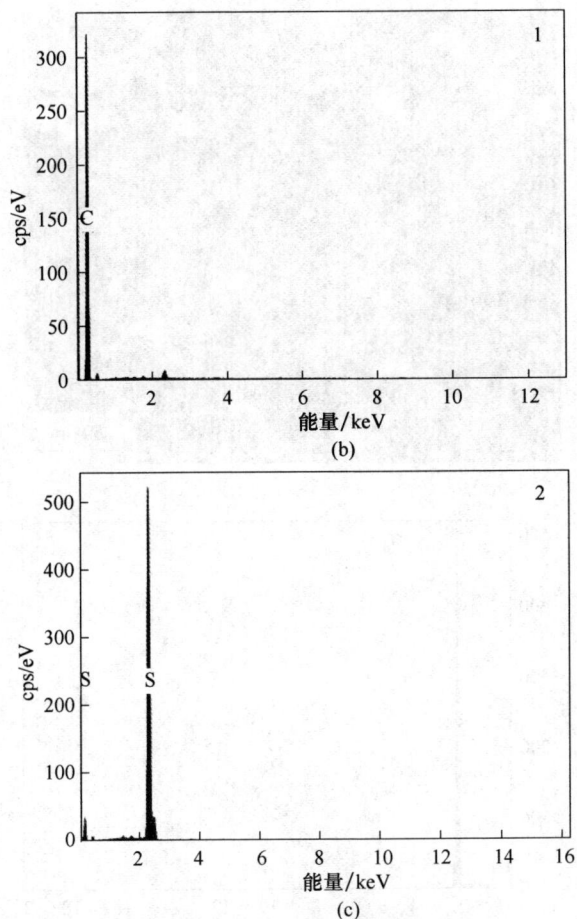

图 2-7 碳质呈细粒鳞片状分布于单质硫中

（a）背散射电子图；（b）碳质；（c）单质硫

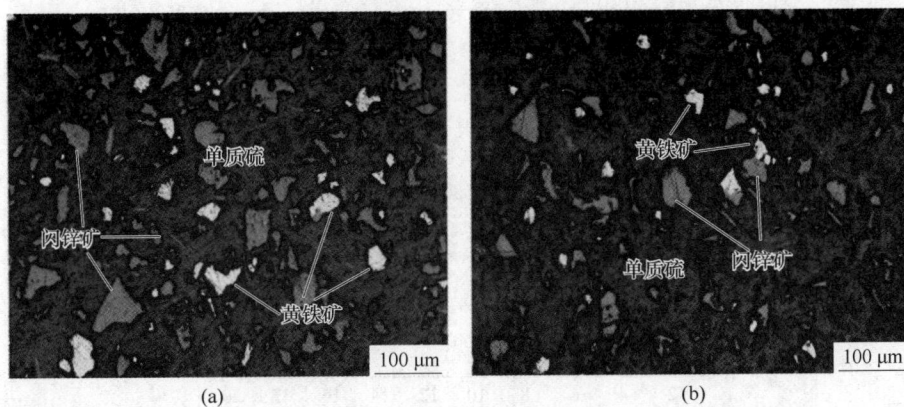

图 2-8 闪锌矿和黄铁矿呈粒状嵌布于单质硫中的显微镜反光图

（a）闪锌矿；（b）黄铁矿

扫一扫看
更清楚

(a)

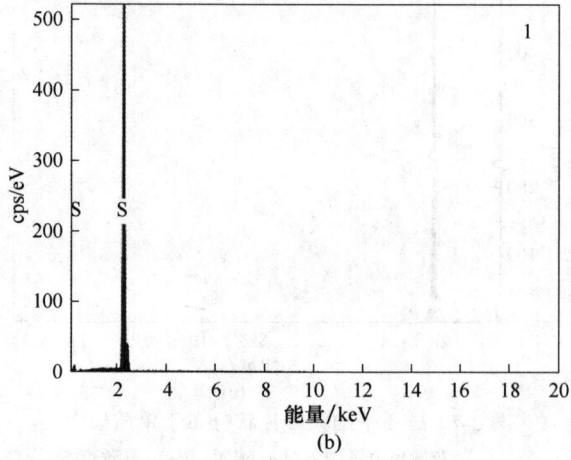

(b)

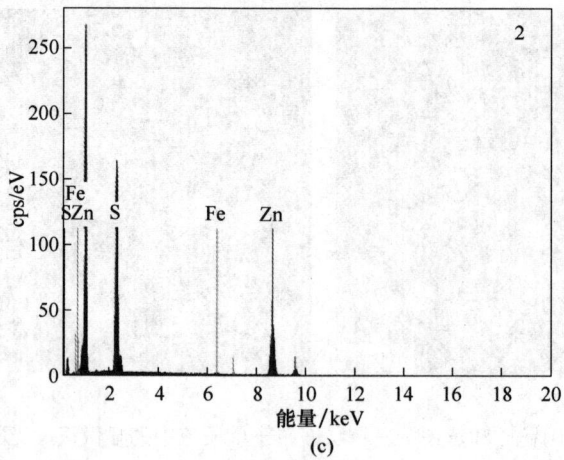

(c)

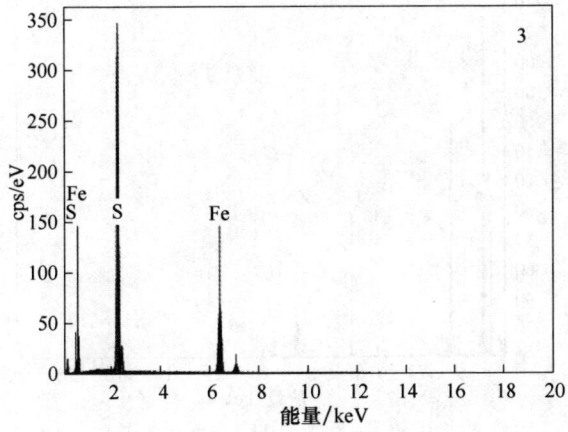

(d)

图 2-9 单质硫中包裹有微细粒的闪锌矿和黄铁矿

（a）背散射电子图；（b）单质硫；（c）闪锌矿；（d）黄铁矿

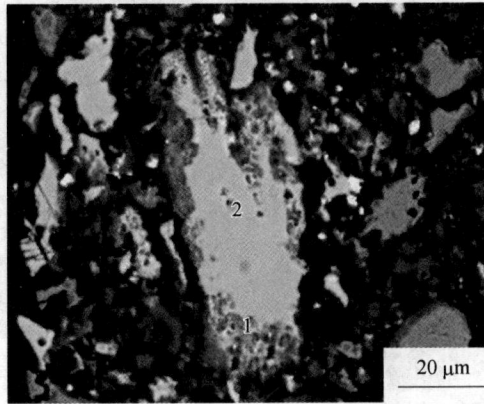

(a)

扫一扫看
更清楚

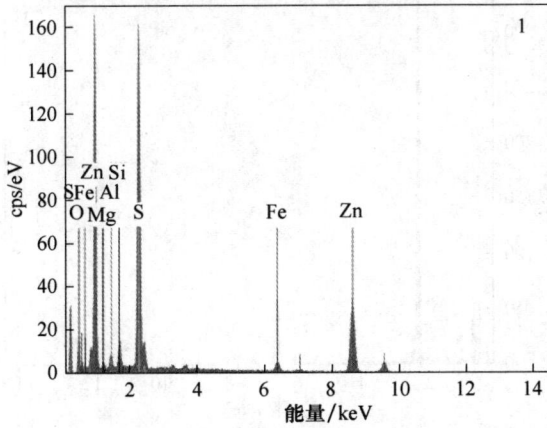

(b)

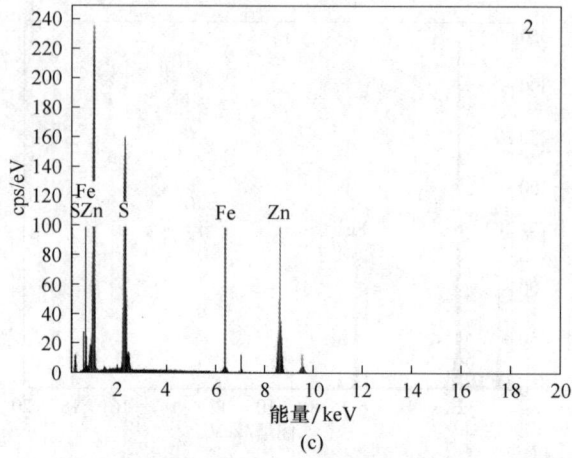

(c)

图 2-10　锌矾呈疏松多孔状环绕闪锌矿边缘进行浸蚀

（a）背散射电子图；（b）锌矾；（c）闪锌矿

(a)

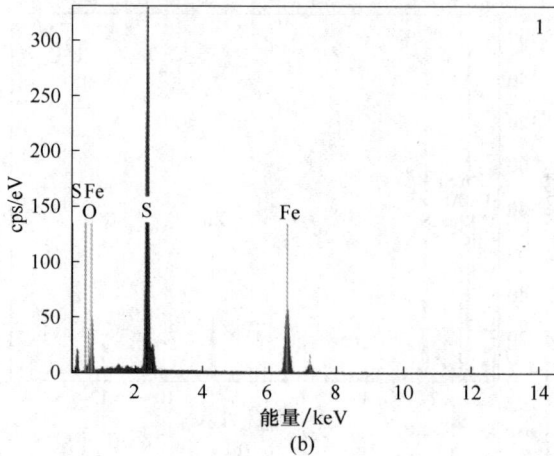

(b)

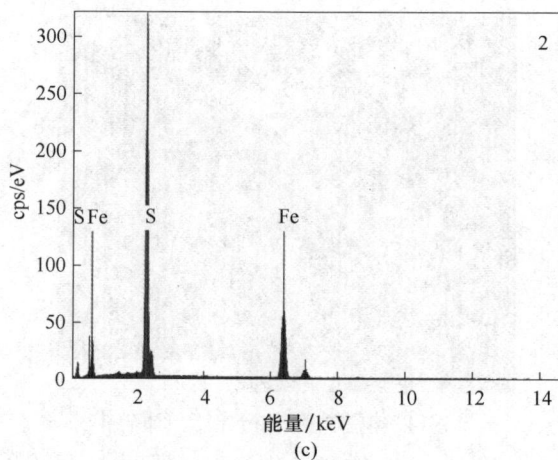

图 2-11 铁矾沿黄铁矿边缘交代呈残余结构

(a) 背散射电子图; (b) 铁矾; (c) 黄铁矿

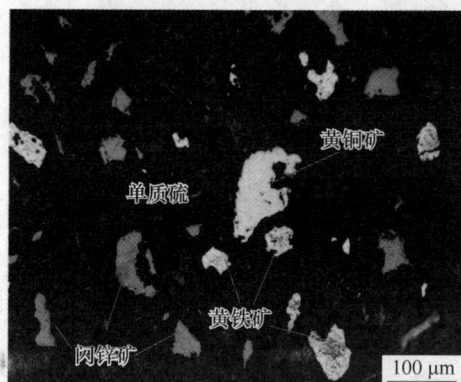

图 2-12 黄铜矿嵌布于单质硫中

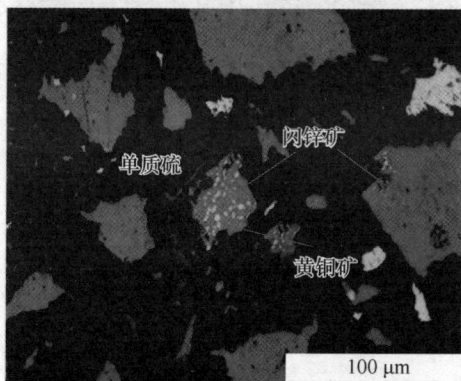

图 2-13 黄铜矿呈乳滴状包裹于闪锌矿中

图 2-14　铜蓝呈细粒分布于单质硫中

图 2-15　毒砂的产出特征

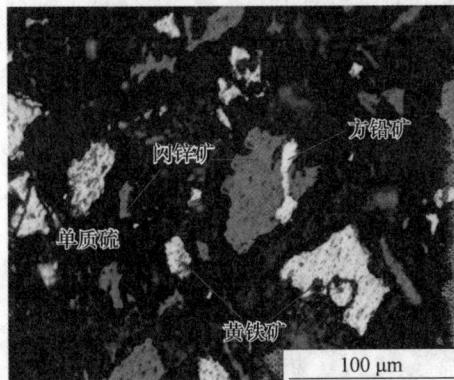

图 2-16　方铅矿与闪锌矿连生，一并嵌布于单质硫中

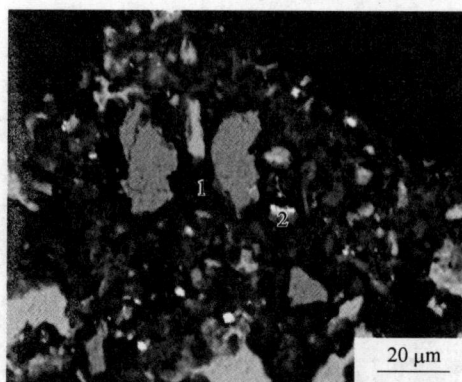

(a)

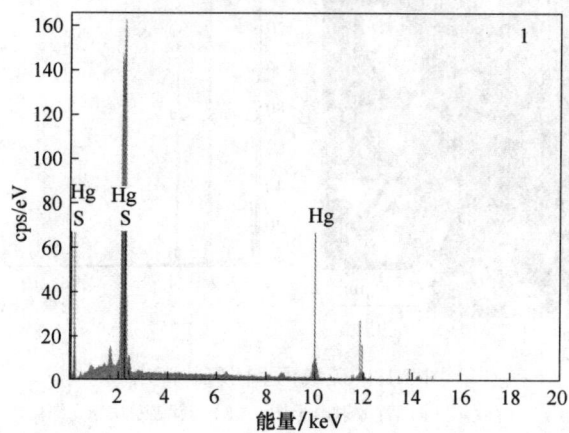

(b)

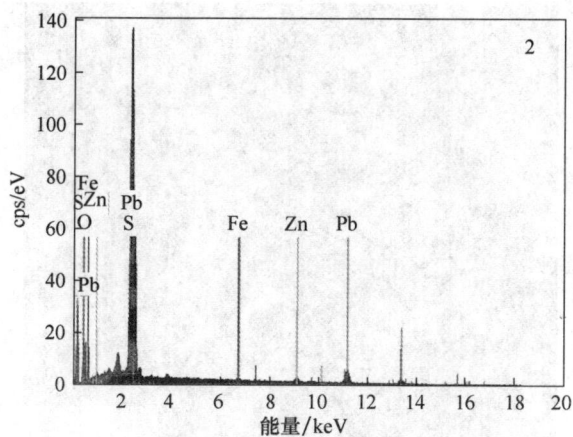

(c)

图 2-17 硫化汞与铅矾呈微细粒产出

（a）背散射电子图；（b）硫化汞；（c）铅矾

2.3.3　硫酸盐矿物

浸出渣中的硫酸盐矿物主要为硫酸钙，其次为铅矾，另有少量的锌矾和铁矾。

硫酸钙和铅矾为酸浸过程中生成的沉淀物，其中硫酸钙常呈团斑状产出，嵌布于不同矿相之间（图2-18），还有的硫酸钙呈自形长柱状嵌布于单质硫中（图2-19和图2-20），铅矾则呈微细粒浸染状分布于单质硫中（图2-21）。

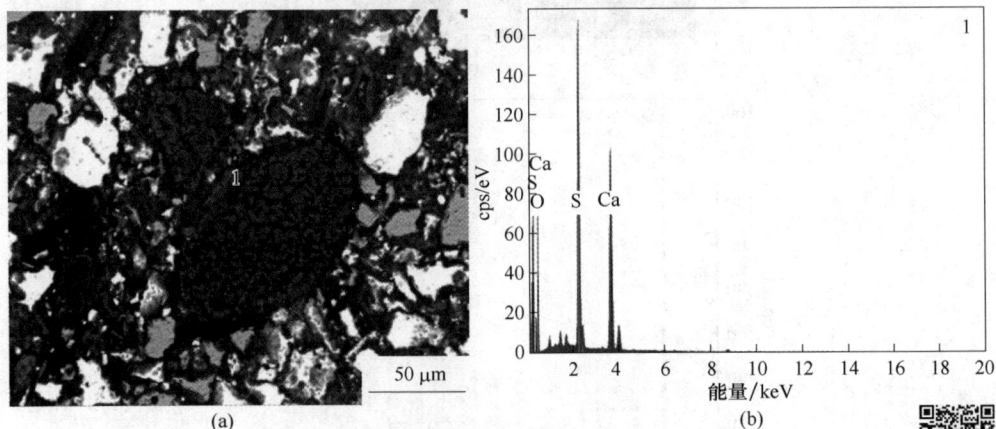

图 2-18　硫酸钙呈团斑状产出
（a）背散射电子图；（b）硫酸钙

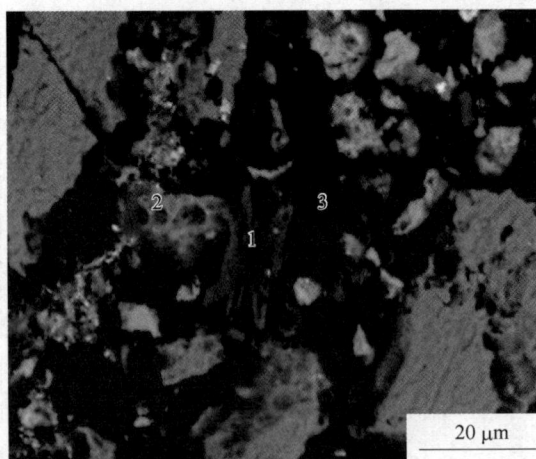

图 2-19　硫酸钙嵌布于黄铁矿与单质硫之间的背散射电子图
1—硫酸钙；2—黄铁矿；3—单质硫

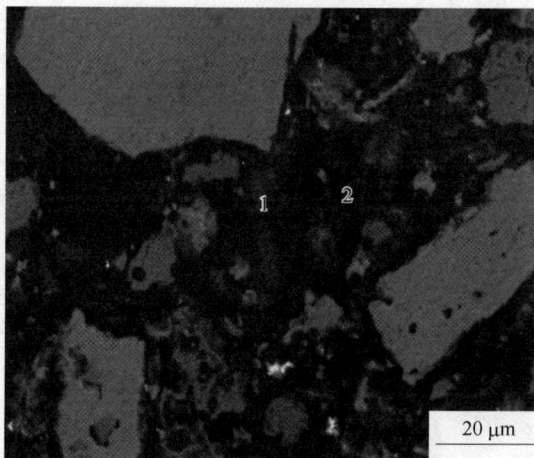

图 2-20　硫酸钙呈长柱状嵌布于单质硫中的背散射电子图
1—硫酸钙；2—单质硫

扫一扫看
更清楚

(a)

扫一扫看
更清楚

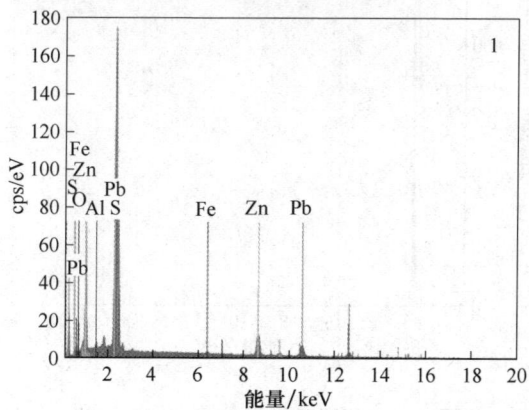

(b)

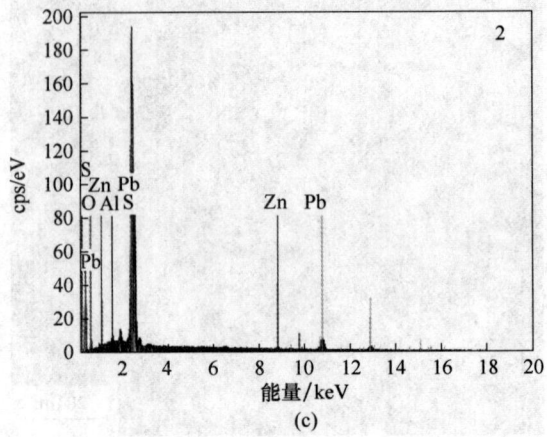

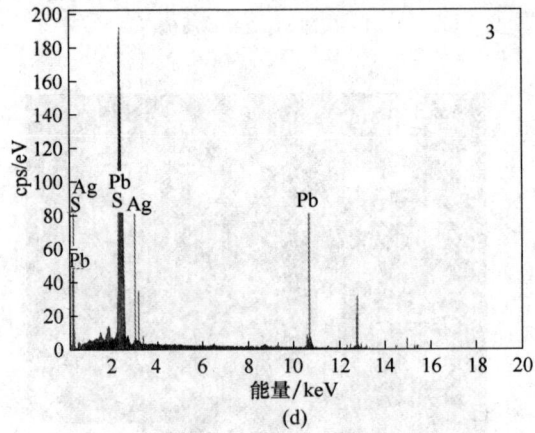

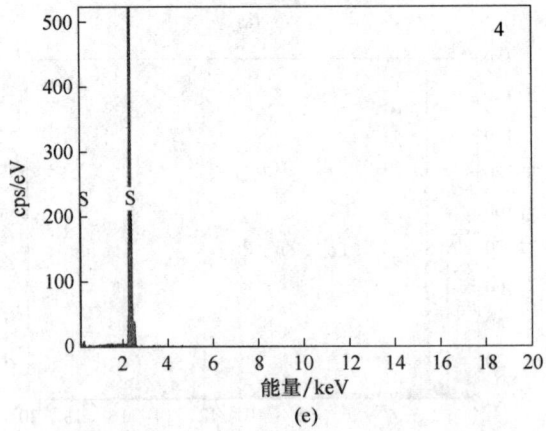

图 2-21　铅矾呈微细粒浸染于单质硫

（a）背散射电子图；（b）（c）铅矾；（d）铅矾（含 Ag）；（e）单质硫

锌矾和铁矾一般易溶于酸，导致二者残留于酸浸渣的主要原因应该是浸液过饱和，使得它们未能完全溶解，常见锌矾和铁矾环绕闪锌矿或者黄铁矿交代呈残余结构（图 2-22）。

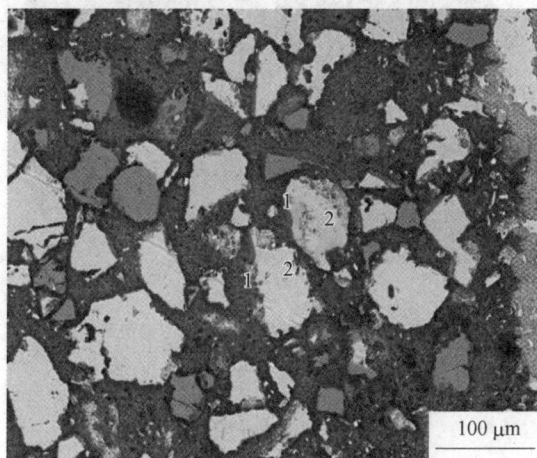

（a）

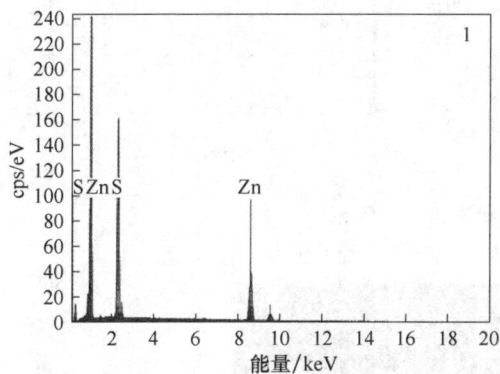

（b）

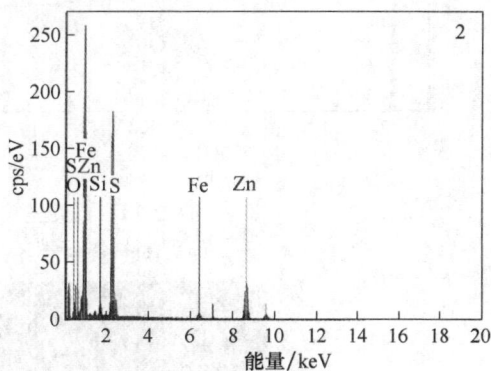

（c）

图 2-22　锌矾和铁矾分别对闪锌矿和黄铁矿交代

（a）背散射电子图；（b）锌矾；（c）闪锌矿

2.3.4　其他矿物

高硫渣中除去单质硫黄，金属硫化物和硫酸盐矿物外，其他脉石矿物主要为石英和白云母等由锌精矿中带入的无法反应的物质。

其中石英主要是以大小不同的粒状形式存在（图 2-23 和图 2-24），云母主要是以呈微细粒浸染状分布于单质硫中或大块聚集和硫黄互相包裹（图 2-25）。

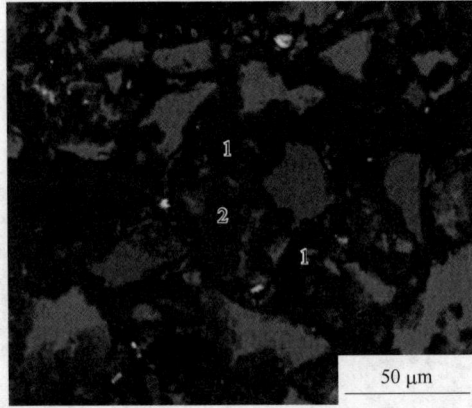

(a)

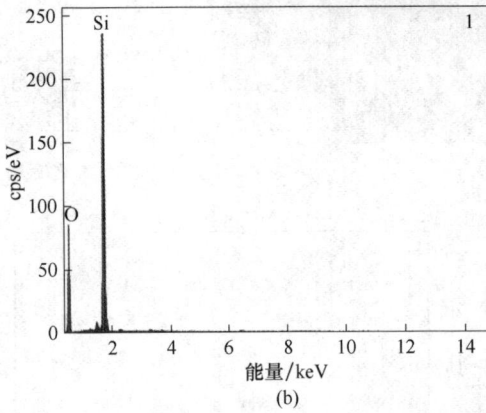

(b)

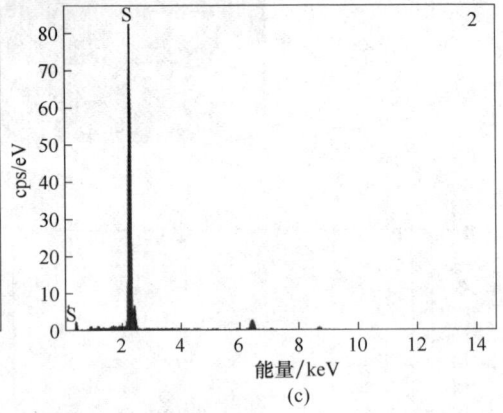

(c)

图 2-23　石英呈粒状嵌布于单质硫中

(a) 背散射电子图；(b) 石英；(c) 单质硫

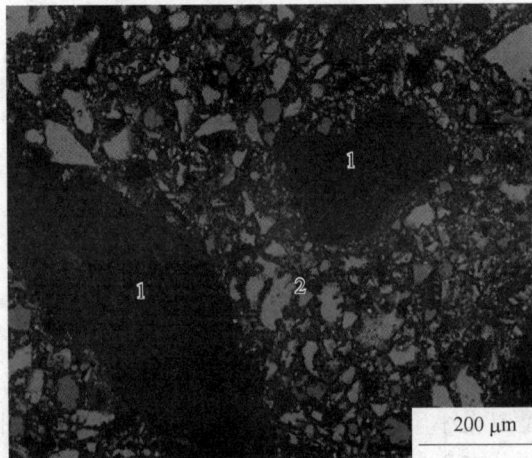

图 2-24　石英呈粗粒状嵌布于单质硫中的背散射电子图

1—石英；2—单质硫

扫一扫看
更清楚

图 2-25　云母嵌布于单质硫中的背散射电子图
1—云母；2—单质硫

2.4　高硫渣中主要矿物的粒度特征

对高硫渣中单质硫、闪锌矿、黄铁矿等主要矿物进行粒度测试，结果见表 2-3。

表 2-3　高硫渣中重要矿物粒度组成

粒级/mm	单质硫		闪锌矿		黄铁矿	
	含量/%	累计含量/%	含量/%	累计含量/%	含量/%	累计含量/%
大于 0.589	2.96	2.96	0	0	0	0
-0.589+0.417	1.14	4.10	0	0	0	0
-0.417+0.295	0.98	5.08	0	0	0	0
-0.295+0.208	1.54	6.62	0	0	0	0
-0.208+0.147	8.65	15.27	0	0	0	0
-0.147+0.104	8.52	23.79	1.82	1.82	0	0
-0.104+0.074	12.67	36.46	2.65	4.47	0.79	0.79
-0.074+0.053	10.54	47.00	8.09	12.56	2.36	3.15
-0.053+0.043	8.16	55.16	7.21	19.77	1.63	4.78
-0.043+0.038	13.46	68.62	5.41	25.18	5.41	10.19
-0.038+0.020	9.06	77.68	23.95	49.13	25.54	35.73

粒级/mm	单质硫		闪锌矿		黄铁矿	
	含量/%	累计含量/%	含量/%	累计含量/%	含量/%	累计含量/%
-0.020+0.015	8.68	86.36	12.15	61.28	15.53	51.26
-0.015+0.010	4.55	90.91	16.07	77.35	19.38	70.64
-0.010+0.005	5.31	96.22	18.41	95.76	21.60	92.24
小于 0.005	3.78	100.00	4.24	100.00	7.76	100.00

结果显示，样品中单质硫的粒度整体较细，其粒度主要分布于 0.015~0.208 mm，在该粒级范围内的占比约为 80%。单质硫在 +0.074 mm 粒级中的占有率仅有 36.46%，在 -0.020 mm 粒级中的占有率高达 22.32%，因此，要使样品中的单质硫实现较好的解离，有必要对矿样进行细磨。

闪锌矿和黄铁矿的粒度则相对更细，二者基本上都分布于 0.074 mm 以下，且在 -0.020 mm 粒级中的占有率分别高达 50.87% 和 64.27%，不论是对磨矿还是对浮选分离都不利。

2.5　高硫渣中硫的赋存状态

高硫渣中的硫绝大部分以单质硫的形式存在，其分布率达到 72.75%；其次赋存于以闪锌矿、黄铁矿为主的金属硫化物中，其分布率为 23.26%；另有少量分布于硫酸钙、铅矾、锌矾等硫酸盐中。硫的元素平衡计算见表 2-4。

表 2-4　硫在不同矿物中的分布率

矿物名称	矿物量/%	矿物中硫含量/%	硫金属量/%	硫分布率/%
单质硫	43.18	100.00	43.184	72.75
闪锌矿	26.68	32.90	8.777	14.78
黄铁矿	9.20	53.45	4.920	8.29
黄铜矿	0.20	34.92	0.069	0.12
铜蓝	0.04	33.25	0.012	0.02
方铅矿	0.10	13.40	0.014	0.02
辰砂	0.08	13.79	0.011	0.02
毒砂	0.02	19.69	0.004	0.01
硫酸钙	7.82	23.53	1.840	3.10

续表 2-4

矿物名称	矿物量/%	矿物中硫含量/%	硫金属量/%	硫分布率/%
铅矾	1.91	10.56	0.201	0.34
锌矾	1.24	19.88	0.246	0.41
铁矾	0.39	21.05	0.083	0.14
合计			59.361	100.00

2.6 影响高硫渣中硫回收的矿物学因素分析

高硫渣中的硫有 72.75% 以单质硫的形式存在，该值也是硫的理论回收率。单质硫由于具有很好的天然可浮性，为单质硫与其他杂质矿物的浮选分离创造先决条件。

单质硫中分布有各类金属硫化物、硫酸盐及硅酸盐矿物，这些矿物与单质硫的嵌布关系非常密切，常呈稀疏浸染状分布于单质硫中。单质硫与其他矿物的粒度都比较细，其中，单质硫在 −0.020 mm 粒级中的占比高达 22.32%，闪锌矿、黄铁矿为主的金属硫化物有一半以上分布于 −0.020 mm 粒级中，硫酸盐矿物与硅酸盐矿物则大部分分布于 0.010 mm 以下。这些杂质矿物常与单质硫混杂在一起，即使细磨也很难使它们充分解离，在浮选过程中将有相当一部分随单质硫进入到硫精矿，进而影响硫精矿的品质，尤其是微细粒的铅、锌矿物进入硫精矿，有可能导致产品中的铅、锌超标。

此外，产品中还存在 1.24% 的碳质，碳质天然可浮性较好，在硫的浮选过程中，这些碳质很难与单质硫分离，将在硫精矿中富集，有可能导致硫精矿中的碳超标。

2.7 本章小结

（1）高硫渣中的含硫矿物主要为单质硫，总硫的含量为 59.36%，其中，有 43.18% 以单质硫的形式存在，占总硫的 72.75%。其他含硫矿物可分为金属硫化物和硫酸盐两类。其中，金属硫化物主要为闪锌矿，其次为黄铁矿，另有少量黄铜矿、铜蓝、方铅矿、辰砂及毒砂等；硫酸盐矿物主要为硫酸钙，另有少量的铅矾、锌矾和铁矾等。其他脉石矿物主要为石英、滑石、高岭石、云母及单质碳等。

（2）样品中单质硫的粒度整体较细，其在 +0.074 mm 粒级中的占比仅有 36.46%，在 −0.020 mm 粒级中的占比高达 86.36%，因此，要使矿样中的单质硫实现较好的解离，有必要对矿样进行细磨。闪锌矿和黄铁矿的粒度则相对更细，二者基本上都分布于 0.074 mm 以下，且在 -0.020 mm 粒级中的占比分别高达 50.87% 和 64.27%，不论是对磨矿还是对浮选分离都不利。

（3）单质硫中常混杂有极细粒的硫酸盐、硅酸盐矿物及金属硫化物，即使细磨也很难充分解离，在浮选过程中将有相当一部分随单质硫进入硫精矿，导致选硫过程中很难获得高品质的硫精矿。尤其是微细粒的铅、锌矿物进入硫精矿，有可能导致产品中的铅、锌超标。

（4）产品中还存在 1.24% 的碳质，碳质天然可浮性较好，在对硫的浮选过程中，这些碳质很难与单质硫分离，将在硫精矿中富集，有可能导致硫精矿中的碳超标。

3 锌冶炼高硫渣中组分赋存规律及硫黄包裹行为

3.1 润湿角概述

当液体与固体材料表面接触时液体会在表面进行铺展，这种固体表面与液体接触的现象称为液体润湿固体。液、固、气三相交汇处，液固界面和液态表面切线的夹角称作润湿角，它可以体现润湿性能好坏，液体在固体表面的润湿角与三相表面能，如图 3-1 所示。

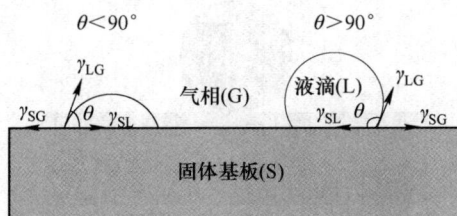

图 3-1 液体在固体表面的润湿角与三相表面能

假设固体光滑、刚性和均匀时，液体在固体表面的润湿角 θ 采用杨氏方程表征，方程如下：

$$\gamma_{SG} = \gamma_{SL} + \gamma_{LG} cos\theta \tag{3-1}$$

式中 γ_{SG}——固相与气相之间的表面张力；

γ_{SL}——固液界面间表面张力；

γ_{LG}——液气界面间表面张力；

θ——液、固、气三相表面润湿角，也称本征润湿角。

杨氏方程反映了润湿角与三相界面张力之间的关系。当 $\theta < 90°$ 时称为润湿，当 $\theta > 90°$ 时称为不润湿，当 $\theta = 0°$ 时称为完全润湿，当 $\theta = 180°$ 时称为完全不润湿。

在实际润湿过程中，固体表面润湿性还受到固体表面清洁程度、均匀性、粗糙度等因素的影响，因此在实际场景下杨氏方程并不完美适用。1936 年 Wenzel 在杨氏方程的基础上进一步提出了粗糙界面上液体和固体表面润湿角变化规律，根据他的研究发现：固体表面粗糙度会加强液体对固体本身的润湿性。Cassie 等人还对多孔材料表面的润湿性和疏水性进行了研究。

润湿理论在石油开采工业、矿物浮选、医药材料、芯片产业、低表面能无毒防污材料等方面有着广泛的应用，程广贵、姚同玉等人对润湿角也展开了多方面研究。

测定两种材料间润湿角的方法众多，如座滴法、悬滴法、微滴法、浸入法、毛细压力法等。其中最普遍的方法为座滴法，座滴法的测量方法是将金属 A 尽可能制成球形，放置在熔点更高的固态基板材料 B 上，保持一定的气氛，而后升温使金属 A 熔化为液体，此时会发生金属 A 在基板材料 B 上熔化并缓慢铺展，保温一定时间并确保金属 A 铺展保持稳定，此时可通过高速摄像机等设备进行润湿角的测量，图 3-2 所示为座滴法。座滴法操作简单，对于设备要求不高，应用较为广泛。

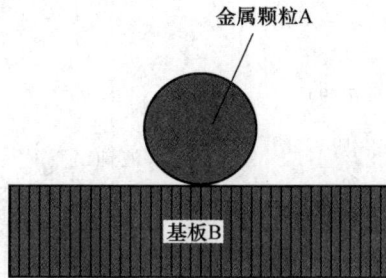

图 3-2   座滴法

液、固、气三相交汇处，液固界面和液态表面切线的夹角被称作润湿角，它可以体现液体对固体表面润湿性能的好坏，目前已经有许多学者采用润湿角大小来反映液固两相间界面关系，采用高速摄像机-透明高压釜联用的方法，观测不同浸出条件下硫黄和不同矿物间润湿角变化，以润湿角大小反应硫黄和不同矿物间包裹难易程度，考察浸出条件的变化对硫黄和不同矿物包裹规律的影响，明细硫黄在闪锌矿氧压浸出过程中的行为，从而得出氧压浸出过程中硫黄和不同矿物的包裹规律，为高硫渣硫黄回收提供基础数据和理论支撑。

根据工艺矿物学分析，选取了五种在闪锌矿浸出渣中含量最高的矿物，分别是闪锌矿、黄铁矿、石膏、石英和云母，将五种矿物压制成能在高压釜内稳定存在的圆柱形基板，并保证厚度和直径一致，将硫黄压制成直径为 5 mm 的硫黄球，放置于基板上，考察不同条件下硫黄球和不同基板之间润湿角的变化规律，从而对比同一矿物在不同添加剂含量下和硫黄包裹赋存的规律和趋势，以及不同矿物和硫黄包裹的难易程度。

3.2 研究设备

实验用到的主要仪器设备见表 3-1。

表 3-1 主要实验仪器和设备

实验仪器和设备	生产厂家
烧杯、量筒	上海市实验仪器总厂
刚玉坩埚	唐山市高铝刚玉工业陶瓷厂
JSP-5 手动粉末压片机	上海精胜科学仪器有限公司
5 mm 实验室球形模具	上海精胜科学仪器有限公司
开瓣式粉末压片模具	鹤壁市利鑫仪器仪表厂
优普超纯水系统	四川优普超纯科技有限公司
BCF1-0.8 型石英透明反应釜	烟台科立化工设备有限公司
FASTCAM 型高速摄像机	日本奥林巴斯公司
SK-G08143 型真空/气氛管式电炉	天津中环实验电炉有限公司
JA1003N 电子天平秤	上海佑科仪器仪表有限公司
BT224S 电子分析天平	北京赛多利斯仪器系统有限公司

BCF1-0.8 型石英透明反应釜有关技术参数见表 3-2。

表 3-2 BCF1-0.8 型石英透明反应釜有关技术参数

项目	加热方式	釜体容积 /L	温度范围 /℃	工作压力 /MPa	搅拌转速 /r·min^{-1}	控温精度 /℃	可视窗口 /cm×cm
技术参数	油浴加热	1	RT~160	0.6	0~1000	±0.5	12×12

FASTCAM 型高速摄像机有关技术参数见表 3-3。

表 3-3 FASTCAM 型高速摄像机有关技术参数

项目	分辨率	最大录制速度/fps	对焦	运行内存/G	快门速度
技术参数	1280×1024	16000	电子辅助对焦	4	1/frame sec

BCF1-0.8 型石英透明釜的示意图和实物图分别如图 3-3 和图 3-4 所示，高速摄像机，如图 3-5 所示。

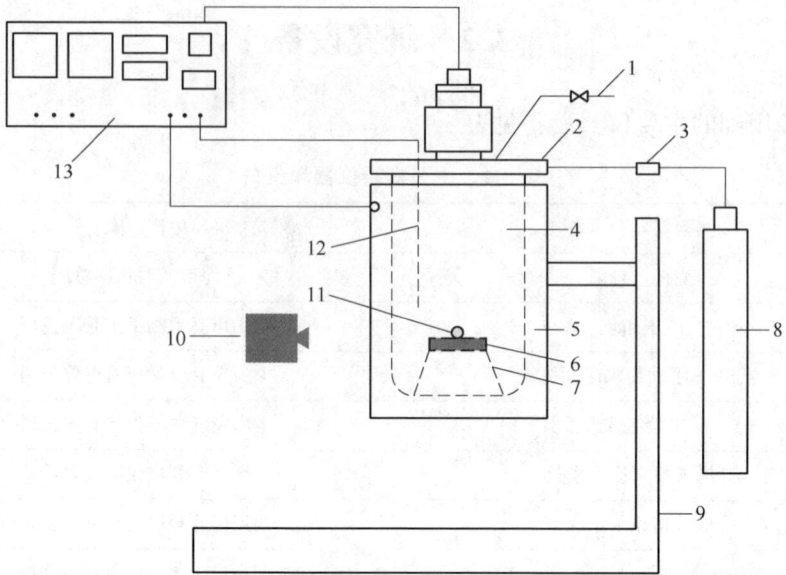

图 3-3　BCF1-0.8 型石英透明釜工作示意图

1—泄压阀；2—釜盖；3—氧气减压阀；4—釜体；5—透明层；6—矿相基板；
7—基板支架；8—氧气瓶；9—底座和支架；10—高速摄像机；11—硫黄试样；
12—温度探头；13—加热控制柜

图 3-4　BCFD 2-0.8 型石英透明釜

图 3-5　FASTCAM 型高速摄像机

3.3　研究方法

3.3.1　硫黄球和不同基板的压制

采用 JSP-5 手动粉末压片机压制硫黄球，取 0.1 g 硫黄粉加入直径为 5 mm 球形模具中，将模具放入压片机的中心位置，压片机加压到 0.4 MPa，保压 2 min，而后采用脱模工具将样品从模具中顶出，硫黄球即可压制成功，压制好的硫黄球，如图 3-6(a) 所示。

采用油压式粉末压片机压制黄铁矿基板，浓度为 5% 的聚乙烯醇溶液作为黏结剂，取 13.5 g 黄铁矿粉末到烧杯中，向其中加入适量聚乙烯醇溶液，混合均匀后倒入直径为 25 mm 圆柱形模具中，将模具放入压片机的中心位置，压片机加压到 400 MPa，保压 5 min，而后采用脱模工具将样品从模具中顶出，得到压制后的黄铁矿基板，取出自然干燥 3 天，接着放入氧化铝坩埚中，并用黄铁矿粉埋住，再放入高温管式炉中，通入氩气气氛，在 600 ℃下焙烧 1 h，自然冷却后取出，即可得到制备好的黄铁矿基板，压制好的黄铁矿基板，如图 3-6(b) 所示。

采用油压式粉末压片机压制闪锌矿基板，浓度为 5% 的聚乙烯醇溶液作为黏结剂，取 10 g 闪锌矿粉末到烧杯中，向其中加入适量聚乙烯醇溶液，混合均匀后倒入直径为 25 mm 圆柱形模具中，将模具放入压片机的中心位置，压片机加压到 400 MPa，保压 3 min，而后采用脱模工具将样品从模具中顶出，得到压制后的闪锌矿基板，取出自然干燥 3 天，而后放入氧化铝坩埚中，再放入高温管式炉中，通入氩气气氛，在 1100 ℃下焙烧 1 h，自然冷却后取出，即可得到制备好的闪锌矿基板，压制好的闪锌矿基板，如图 3-6(c) 所示。

采用油压式粉末压片机压制云母基板，浓度为 5% 的聚乙烯醇溶液作为黏结剂，取 4.5 g 云母粉末到烧杯中，向其中加入适量聚乙烯醇溶液，混合均匀后倒入直径为 25 mm 圆柱形模具中，而后将模具放入压片机的中心位置，压片机加压到 400 MPa，保压 5 min，而后采用脱模工具将样品从模具中顶出，得到压制后的云母基板，取出自然干燥 3 天，而后放入氧化铝坩埚中，再放入高温管式炉中，通入氩气气氛，在 200 ℃下焙烧 1 h，以脱除聚乙烯醇，自然冷却后取出，即可得到制备好的云母基板，压制好的云母基板，如图 3-6(d) 所示。

石英基板采用购置于诚泰石英制品有限公司的产品，如图 3-6(e) 所示。

采用油压式粉末压片机压制石膏基板，浓度为 5% 的聚乙烯醇溶液作为黏结剂，取 7 g 石膏粉末到烧杯中，向其中加入适量聚乙烯醇溶液，混合均匀后倒入直径为 25 mm 圆柱形模具中，后将模具放入压片机的中心位置，压片机加压到 400 MPa，保压 3 min，而后采用脱模工具将样品从模具中顶出，得到压制后的石膏基板，取出自然干燥 3 天，接着放入氧化铝坩埚中，再放入高温管式炉中，通入氩气气氛，在 200 ℃下焙烧 1 h，以脱除聚乙烯醇，自然冷却后取出，即可得到制备好的石膏基板，压制好的石膏基板，如图 3-3(f) 所示。

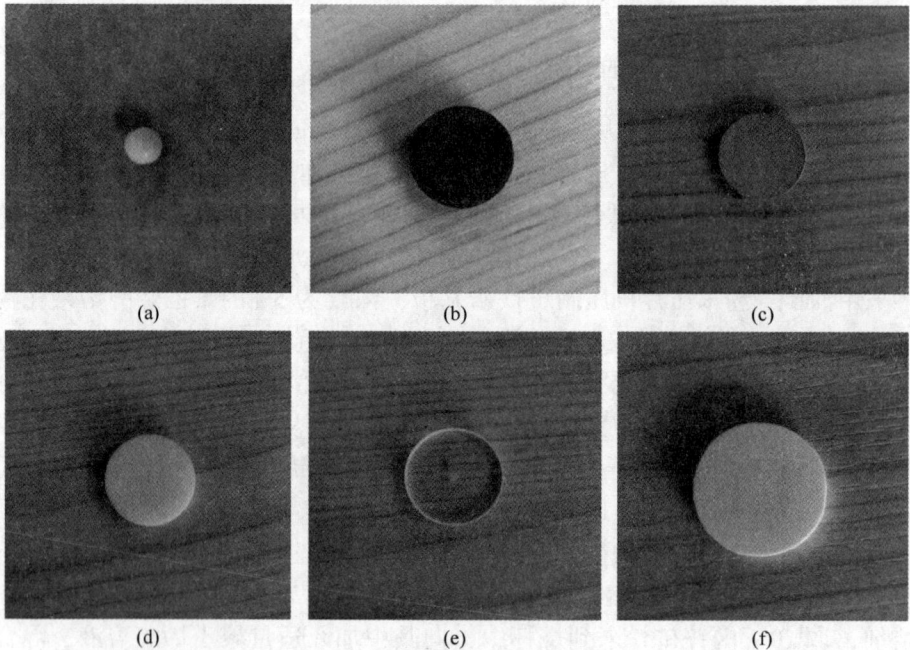

图 3-6　硫黄球和不同材质基板

(a) 5 mm 硫黄球；(b) 黄铁矿基板；(c) 闪锌矿基板；(d) 云母基板；(e) 石英基板；(f) 石膏基板

3.3.2　润湿角测量

润湿角测量实验在透明高压釜内进行，首先将配置好的实验所需的溶液加入透明高压釜内，而后将不同基板放入透明高压釜内，再将压制好的硫黄球放在基板中央，设定好升温程序，而后利用架设好的高速摄像机在预定温度点进行拍摄，用 Adobe-Photoshop 图像处理软件测试不同基板上硫黄球在不同条件下的润湿角变化，测试 3 次取平均值。

3.4 添加剂含量对不同基板上硫黄润湿角的影响

工业生产中，通常采用木质素磺酸钙或木质素磺酸钠作为添加剂来打开硫黄和闪锌矿的包裹，以提高锌的浸出率，同时木质素的加入还可以有效减小浸出渣的粒度，并为后续硫黄浮选提供适当粒度的浸出渣，因此考察了不同添加剂含量下不同基板上硫黄润湿角的变化规律。

3.4.1 添加剂含量对黄铁矿基板上硫黄润湿角的影响

在硫酸浓度为 0 g/L，氧分压为 0.2 MPa 的条件下，考察了不同添加剂含量下黄铁矿基板上硫黄润湿角的变化规律，实验结果如图 3-7 所示，150 ℃时不同添加剂含量下黄铁矿基板上硫黄润湿角的照片，如图 3-8 所示。

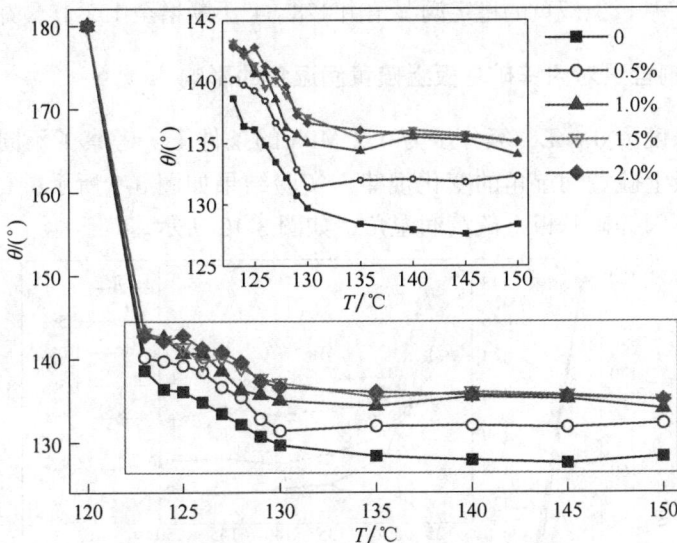

图 3-7 添加剂含量对黄铁矿基板上硫黄润湿角的影响

实验发现在水溶液中，硫黄熔点会升高，在 122 ℃左右才开始融化，一方面可能是由于硫黄在水溶液中和空气中的物化性质差异导致，另一方面是由于在高压釜内通入了氧气，增大了环境压力，导致硫黄熔点升高。实验设置未熔化时润湿角为 180°，从 123 ℃开始，在 130 ℃之前每隔 1 ℃观测一次，在 130 ℃后角度变化逐渐平稳，每隔 5 ℃观测一次。后续其他基板硫黄熔化规律也是如此。

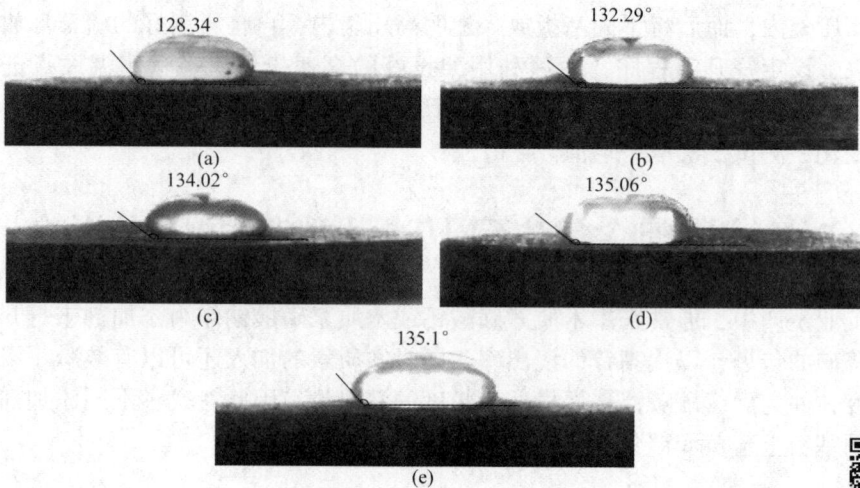

图 3-8　150 ℃时不同添加剂含量下黄铁矿基板上硫黄润湿角
(a) 0；(b) 0.5%；(c) 1.0%；(d) 1.5%；(e) 2.0%

由图 3-7 可知，在不同添加剂含量下，黄铁矿基板和硫黄的润湿角变化趋势均随温度的升高而逐步下降，在 130 ℃左右达到稳定。而随着添加剂含量由 0 增加至 2.0%，黄铁矿基板上硫黄的稳定润湿角由 128.34°不断增至 135.1°，并趋于稳定。

3.4.2　添加剂含量对闪锌矿基板上硫黄润湿角的影响

在硫酸浓度为 0 g/L，氧分压为 0.2 MPa 的条件下，考察了不同添加剂含量下闪锌矿基板上硫黄润湿角的变化规律，实验结果如图 3-9 所示，150 ℃时不同添加剂含量下闪锌矿基板上硫黄润湿角，如图 3-10 所示。

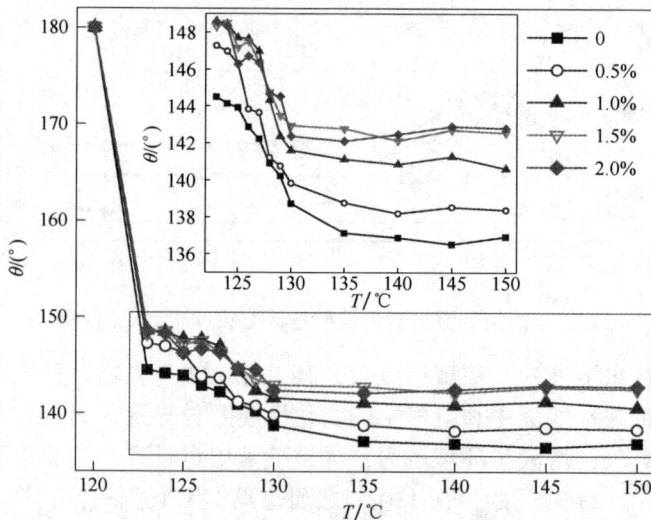

图 3-9　添加剂含量对闪锌矿基板上硫黄润湿角的影响

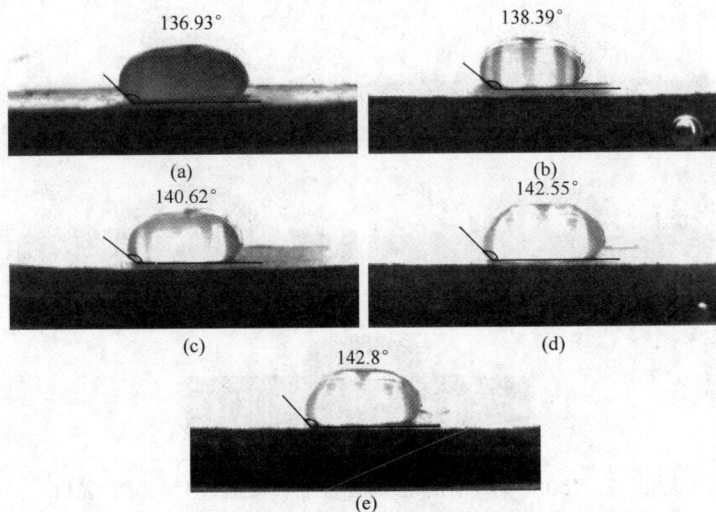

图 3-10 150 ℃时不同添加剂含量下闪锌矿基板上硫黄润湿角

(a) 0；(b) 0.5%；(c) 1.0%；(d) 1.5%；(e) 2.0%

由图 3-9 可知，在不同添加剂含量下，闪锌矿基板和硫黄的润湿角变化趋势均随温度的升高而逐步下降，在 130 ℃左右达到稳定。而随着添加剂含量由 0 增加至 2.0%，闪锌矿基板上硫黄的稳定润湿角由 136.93°不断增至 142.8°，并趋于稳定。

3.4.3 添加剂含量对石膏基板上硫黄润湿角的影响

在硫酸浓度为 0 g/L，氧分压为 0.2 MPa 的条件下，考察了不同添加剂含量下石膏基板上硫黄润湿角的变化规律，实验结果如图 3-11 所示，150 ℃时不同添加剂含量下石膏基板上硫黄润湿角，如图 3-12 所示。

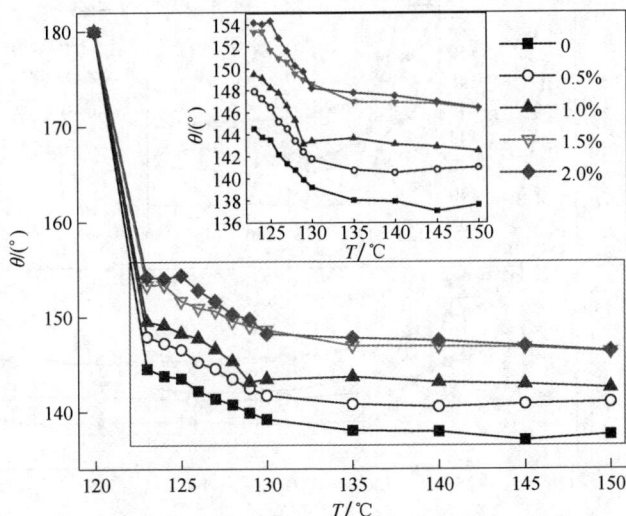

图 3-11 添加剂含量对石膏基板上硫黄润湿角的影响

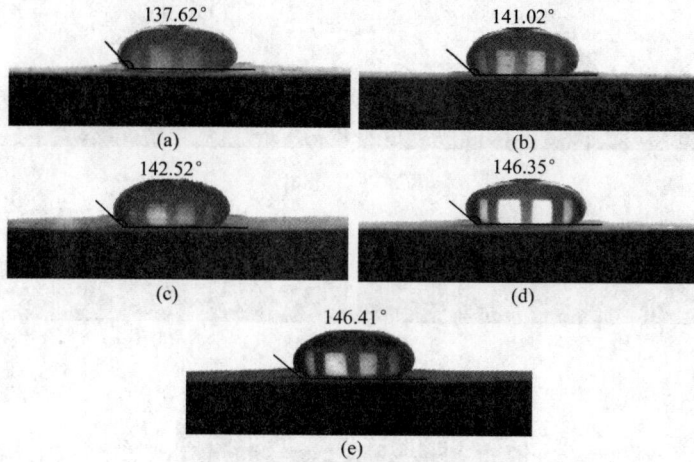

137.62°

(a)

141.02°

(b)

142.52°

(c)

146.35°

(d)

146.41°

(e)

图 3-12　150 ℃时不同添加剂含量下石膏基板上硫黄润湿角
（a）0；（b）0.5%；（c）1.0%；（d）1.5%；（e）2.0%

扫一扫看
更清楚

由图 3-11 可知，在不同添加剂含量下，石膏基板和硫黄的润湿角均随温度的升高而逐步下降，在 130 ℃左右达到稳定。而随着添加剂含量由 0 增加至 2.0%，石膏基板和硫黄的稳定润湿角由 137.62°不断增至 146.41°，添加剂含量再提高石膏基板上硫黄润湿角不发生变化。

3.4.4　添加剂含量对石英基板上硫黄润湿角的影响

在硫酸浓度为 0 g/L，氧分压为 0.2 MPa 的条件下，考察了不同添加剂含量下石英基板上硫黄润湿角的变化规律，实验结果如图 3-13 所示，150 ℃时不同添

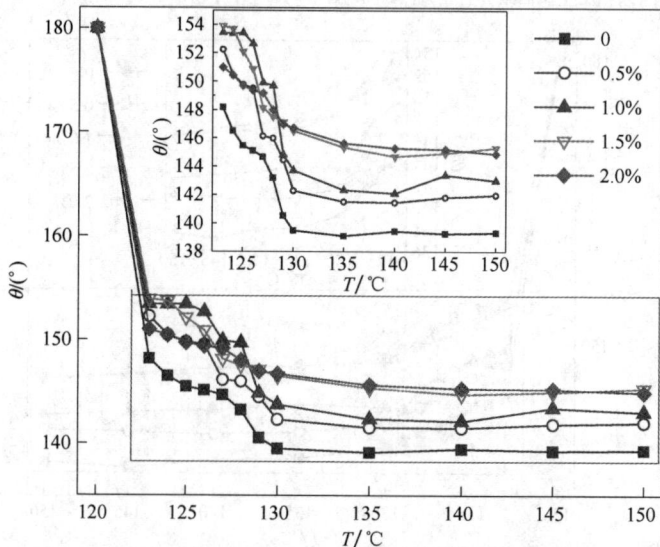

图 3-13　添加剂含量对石英基板上硫黄润湿角的影响

加剂含量下石英基板上硫黄润湿角，如图 3-14 所示。

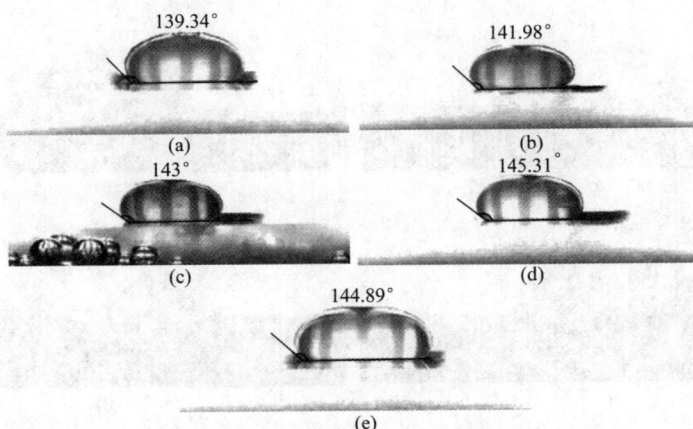

图 3-14 150 ℃时不同添加剂含量下石英基板上硫黄润湿角
(a) 0；(b) 0.5%；(c) 1.0%；(d) 1.5%；(e) 2.0%

由图 3-13 可知，在不同添加剂含量下，石英基板和硫黄的润湿角均随温度的升高而逐步下降，在 130 ℃左右达到稳定。而随着添加剂含量由 0 增加至 1.5%，石英基板上硫黄的稳定润湿角由 139.34°不断增至 145.89°，添加剂含量再提高至 2%时石英基板上硫黄润湿角稳定不变。

3.4.5 添加剂含量对云母基板上硫黄润湿角的影响

在硫酸浓度为 0 g/L，氧分压为 0.2 MPa 的条件下，考察了不同添加剂含量下云母基板上硫黄润湿角的变化规律，实验结果如图 3-15 所示，150 ℃时不同添

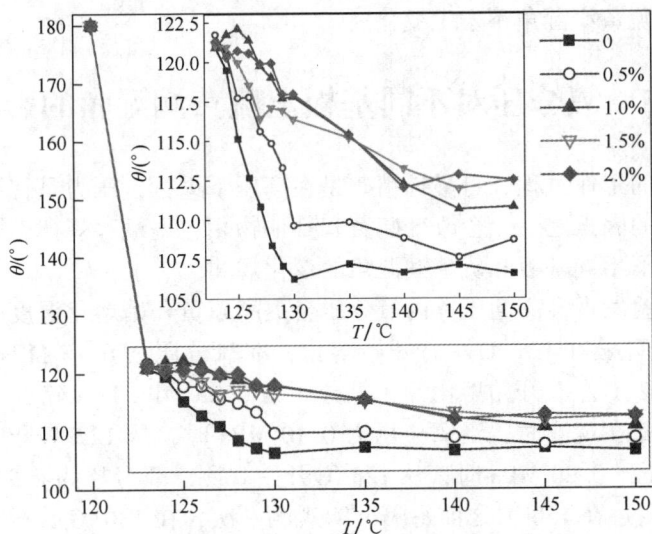

图 3-15 添加剂含量对云母基板上硫黄润湿角的影响

加剂含量下云母基板上硫黄润湿角，如图 3-16 所示。

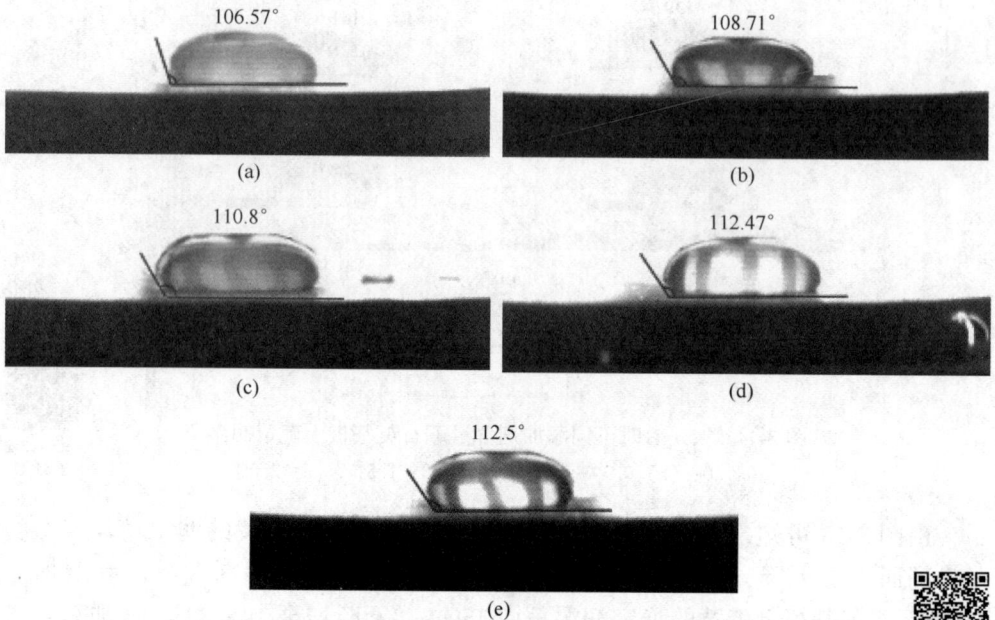

图 3-16　150 ℃时不同添加剂含量下云母基板上硫黄润湿角
(a) 0；(b) 0.5%；(c) 1.0%；(d) 1.5%；(e) 2.0%

扫一扫看
更清楚

　　由图 3-15 可知，在不同添加剂含量下，云母基板和硫黄润湿角均随温度的升高而逐步下降，在 130 ℃左右达到稳定。而随着添加剂含量由 0 增加至 1.5%，云母基板上硫黄的稳定润湿角由 106.57°不断增至 112.5°，而后添加剂含量再提高云母基板上硫黄润湿角不发生变化。

3.5　氧分压对不同基板上硫黄润湿角的影响

　　针对实际的工业过程，丹霞锌精矿是在高压下进行，压力是锌浸出和硫黄转化的非常重要的因素之一，会改变硫黄和其他物相包裹赋存规律，因此考察了不同氧分压条件下不同基板和硫黄润湿角的变化规律。

　　氧分压实验发现升高高压釜内氧分压会提高硫黄开始熔化温度，在氧分压为 0.10 MPa 时，硫黄在 121 ℃左右开始熔化，在氧分压为 0.15 MPa 和 0.20 MPa 时，硫黄在 122 ℃左右开始熔化，在氧分压为 0.25 MPa 时，硫黄在 123 ℃左右开始熔化。因此在观测时，当氧分压为 0.10 MPa 时，从 122 ℃开始观测，氧分压为 0.15 MPa 和 0.20 MPa 时，从 123 ℃开始观测，氧分压为 0.25 MPa 时，从 124 ℃开始观测。在 130 ℃之前每隔 1 ℃观测一次，在 130 ℃后不同基板和硫黄润湿角角度变化逐渐平稳，每隔 5 ℃观测一次。

3.5.1 氧分压对黄铁矿基板上硫黄润湿角的影响

在硫酸浓度为 0 g/L，添加剂含量为 1.5% 的条件下，考察了不同氧分压下黄铁矿基板上硫黄润湿角的变化规律，实验结果如图 3-17 所示，150 ℃时不同氧分压下黄铁矿基板上硫黄润湿角，如图 3-18 所示。

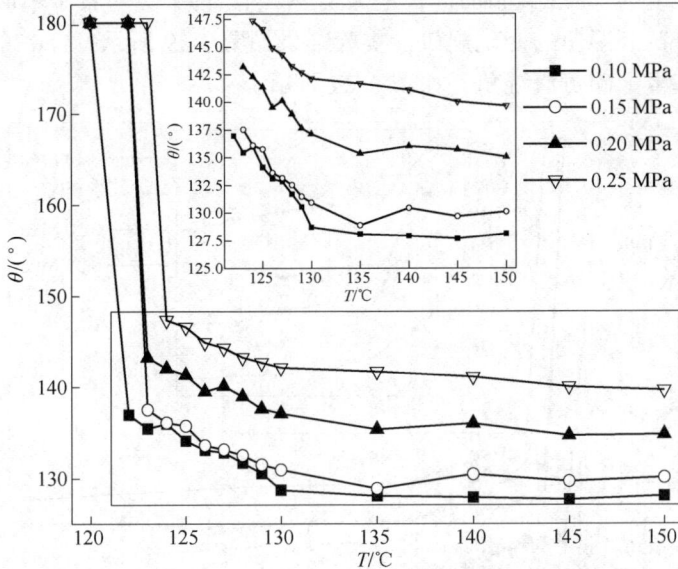

图 3-17 氧分压对黄铁矿基板上硫黄润湿角的影响

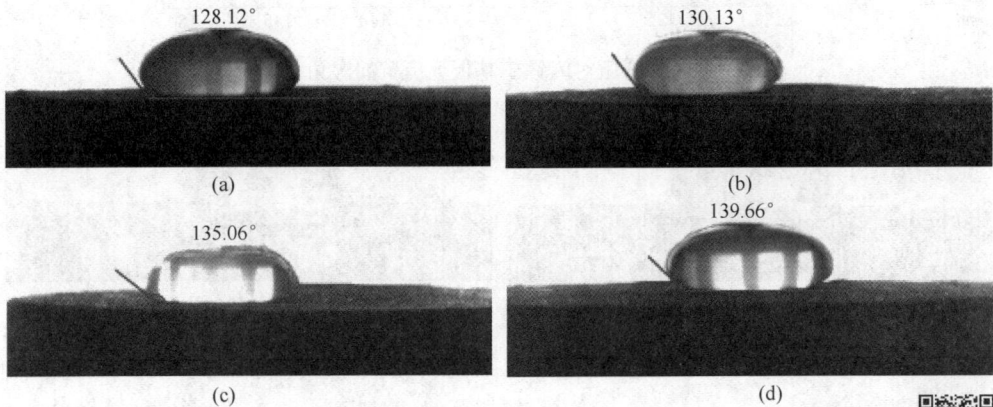

图 3-18 150 ℃时不同氧分压下黄铁矿基板上硫黄润湿角
(a) 0.10 MPa；(b) 0.15 MPa；(c) 0.20 MPa；(d) 0.25 MPa

由图 3-17 可知，在不同氧分压下，黄铁矿基板和硫黄润湿角均随温度的升高而逐步下降，在 130 ℃左右达到稳定。而随着氧分压由 0.10 MPa 增加至

0.25 MPa 时，黄铁矿基板上硫黄的稳定润湿角由 128.12°不断增至 139.66°，由于设备原因无法继续再提高氧分压，但可以推测，提高氧分压会增大黄铁矿基板上硫黄润湿角，使得硫黄更难包裹黄铁矿。

3.5.2　氧分压对闪锌矿基板上硫黄润湿角的影响

在硫酸浓度为 0 g/L，添加剂含量为 1.5% 的条件下，考察了不同氧分压下闪锌矿基板上硫黄润湿角的变化规律，实验结果如图 3-19 所示，150 ℃时不同氧分压下闪锌矿基板上硫黄润湿角，如图 3-20 所示。

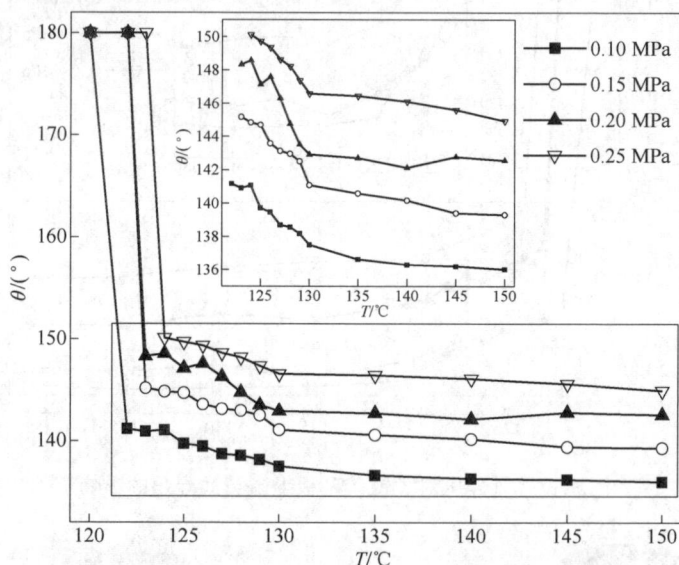

图 3-19　氧分压对闪锌矿基板上硫黄润湿角的影响

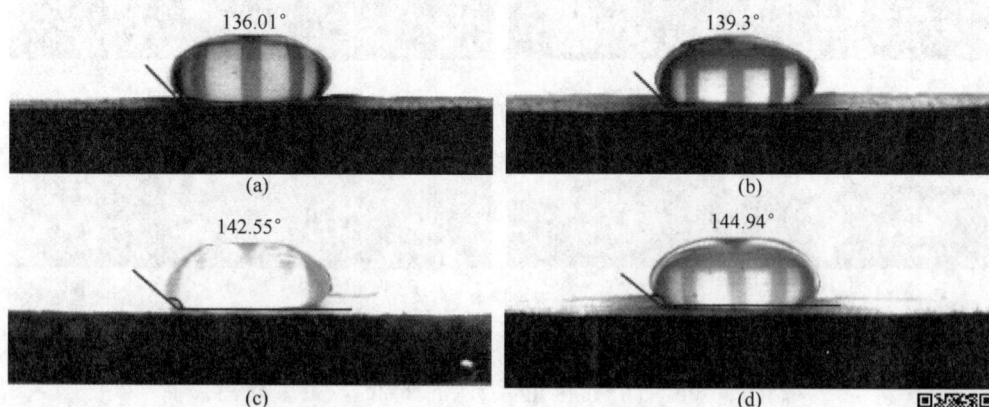

图 3-20　150 ℃时不同氧分压下闪锌矿基板上硫黄润湿角

(a) 0.10 MPa；(b) 0.15 MPa；(c) 0.20 MPa；(d) 0.25 MPa

由图 3-19 可知，在不同氧分压下，闪锌矿基板和硫黄润湿角均随温度的升高而逐步下降，在 130 ℃ 左右达到稳定。而随着氧分压由 0.10 MPa 增加至 0.25 MPa，闪锌矿基板上硫黄的稳定润湿角由 136.01° 不断增至 144.94°，由于设备原因无法继续再提高氧分压，但可以推测，提高氧分压会增大闪锌矿基板上硫黄润湿角，使得硫黄更难包裹闪锌矿。

3.5.3 氧分压对石膏基板上硫黄润湿角的影响

在硫酸浓度为 0 g/L，添加剂含量为 1.5% 的条件下，考察了不同氧分压下石膏基板上硫黄润湿角的变化规律，实验结果如图 3-21 所示，150 ℃ 时不同氧分压下石膏基板上硫黄润湿角，如图 3-22 所示。

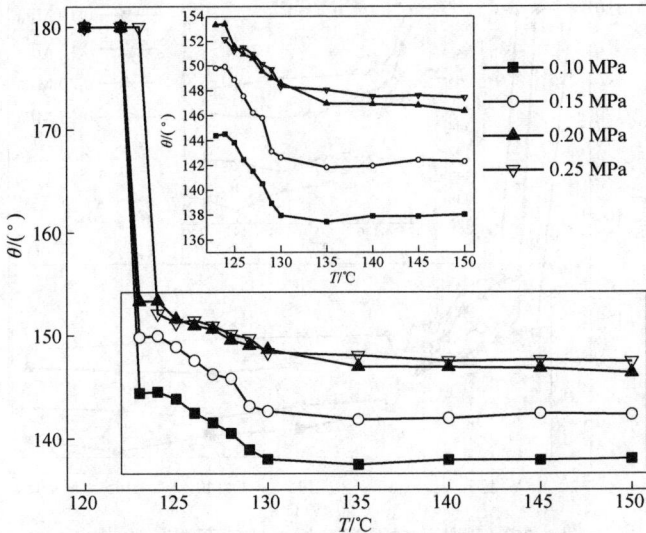

图 3-21 氧分压对石膏基板上硫黄润湿角的影响

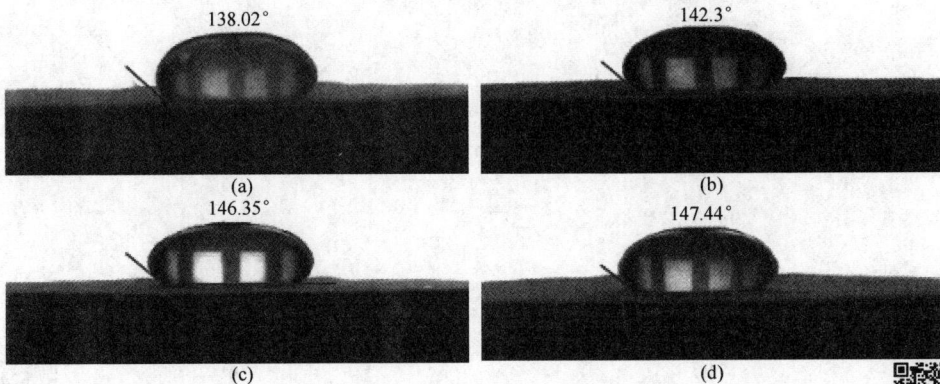

图 3-22 150 ℃ 时不同氧分压下石膏基板上硫黄润湿角
(a) 0.10 MPa; (b) 0.15 MPa; (c) 0.20 MPa; (d) 0.25 MPa

由图 3-21 可知，在不同氧分压下，石膏基板和硫黄润湿角均随温度的升高而逐步下降，在 130 ℃ 左右达到稳定。而随着氧分压由 0.10 MPa 增加至 0.25 MPa，石膏基板上硫黄的稳定润湿角由 138.02° 不断增至 147.44°，由于设备原因无法继续再提高氧分压，但可以推测，提高氧分压会增大石膏基板和硫黄润湿角，使得硫黄更难包裹石膏。

3.5.4 氧分压对石英基板上硫黄润湿角的影响

在硫酸浓度为 0 g/L，添加剂含量为 1.5% 的条件下，考察了不同氧分压下石英基板上硫黄润湿角的变化规律，实验结果如图 3-23 所示，150 ℃ 时不同氧分压下石英基板上硫黄润湿角，如图 3-24 所示。

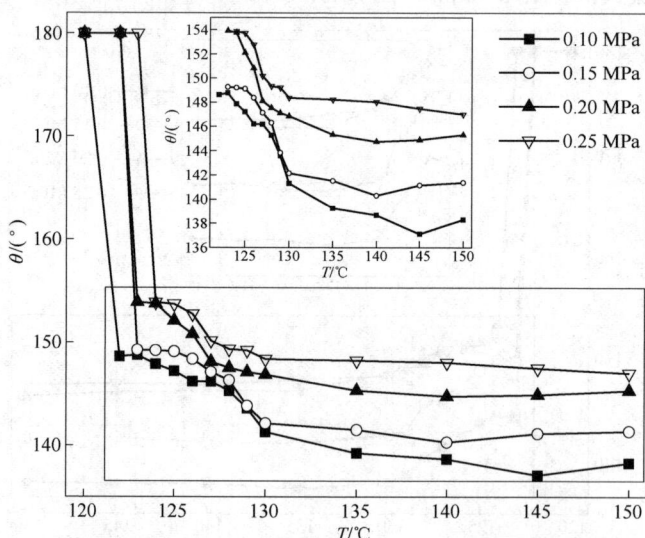

图 3-23 氧分压对石膏基板上硫黄润湿角的影响

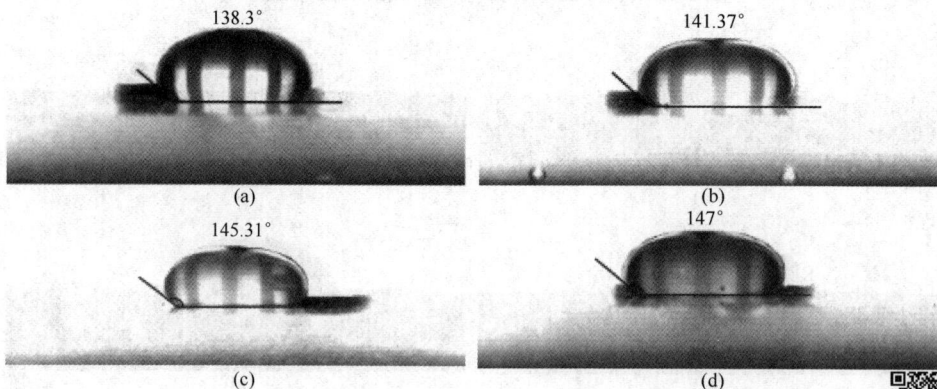

图 3-24 150 ℃ 时不同氧分压下石英基板上硫黄润湿角
(a) 0.10 MPa；(b) 0.15 MPa；(c) 0.20 MPa；(d) 0.25 MPa

由图 3-23 可知，在不同氧分压下，石英基板和硫黄的润湿角均随温度的升高而逐步下降，在 130 ℃ 左右达到稳定。而随着氧分压由 0.10 MPa 增加至 0.25 MPa，石英基板上硫黄的稳定润湿角由 138.3° 不断增至 147°，由于设备原因无法继续再提高氧分压，但可以推测，提高氧分压会增大石英基板上硫黄润湿角，使得硫黄更难包裹石英。

3.5.5 氧分压对云母基板上硫黄润湿角的影响

在硫酸浓度为 0 g/L，添加剂含量为 1.5% 的条件下，考察了不同氧分压下云母基板上硫黄润湿角的变化规律，实验结果如图 3-25 所示，150 ℃ 时不同氧分压下云母基板上硫黄润湿角，如图 3-26 所示。

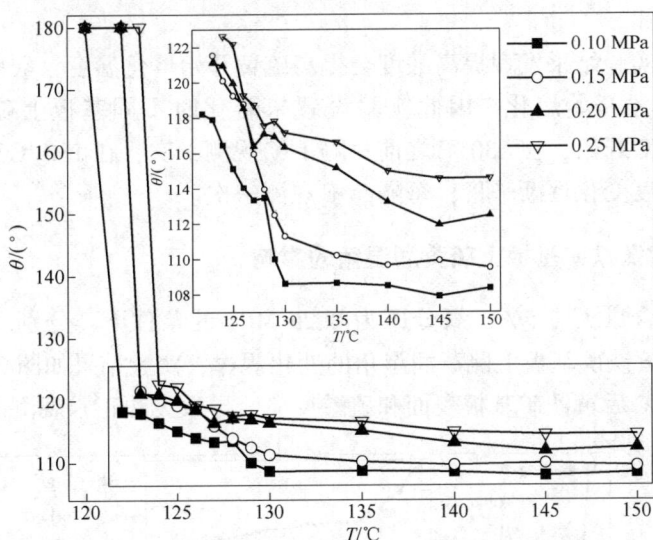

图 3-25　氧分压对云母基板上硫黄润湿角的影响

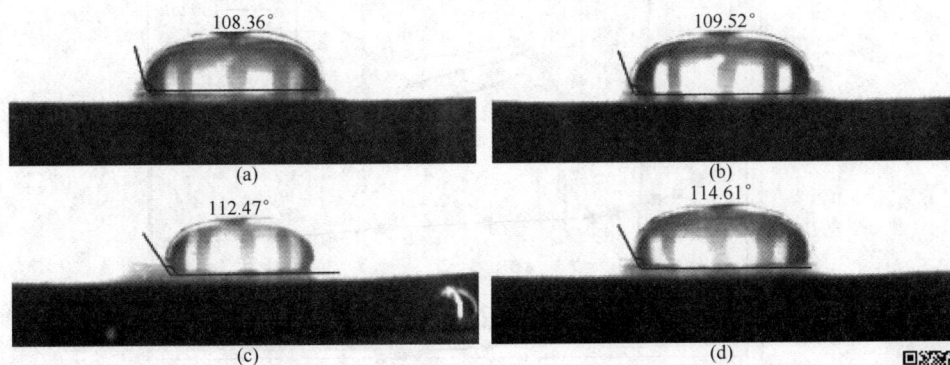

图 3-26　150 ℃ 时不同氧分压下云母基板上硫黄润湿角
(a) 0.10 MPa；(b) 0.15 MPa；(c) 0.20 MPa；(d) 0.25 MPa

扫一扫看
更清楚

由图 3-25 可知，在不同氧分压下，云母基板和硫黄润湿角均随温度的升高而逐步下降，在 130 ℃ 左右达到稳定。而随着氧分压由 0.10 MPa 增加至 0.25 MPa，云母基板上硫黄的稳定润湿角由 108.36° 不断增至 114.61°，由于设备原因无法继续再提高氧分压，但可以推测，提高氧分压会增大云母基板上硫黄润湿角，使得硫黄更难包裹云母。

3.6　酸度对不同基板上硫黄润湿角的影响

实际的工业过程中，酸度是影响锌浸出和硫黄转化的非常重要的因素之一，会改变硫黄和其他物相包裹赋存规律，因此考察了不同酸度下不同基板和硫黄润湿角的变化规律。

不同酸度实验结果发现提高酸度会提高硫黄开始熔化温度，酸度升高后硫黄在 126 ℃ 左右才开始熔化，因此实验设置未熔化时不同基板上硫黄润湿角为 180°，从 128 ℃ 开始，在 130 ℃ 之前每隔 1 ℃ 观测一次，在 130 ℃ 后不同基板上硫黄润湿角角度变化逐渐平稳，每隔 5 ℃ 观测一次。

3.6.1　酸度对黄铁矿基板上硫黄润湿角的影响

在添加剂含量为 1.5%，氧分压为 0.25 MPa 的条件下，分别考察了酸度为 0~120 g/L 时黄铁矿基板上硫黄润湿角的变化规律，实验结果如图 3-27 所示。当温度超过 140 ℃ 后黄铁矿基板表面和硫酸反应，导致无法正常观测润湿角，因此

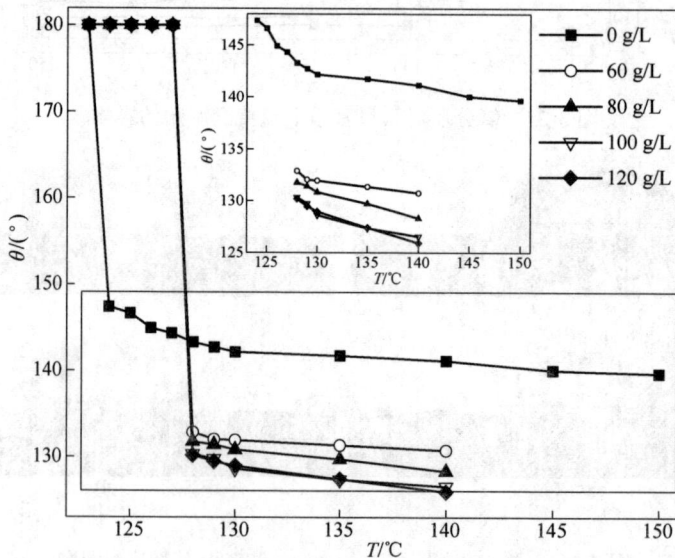

图 3-27　酸度对黄铁矿基板上硫黄润湿角的影响

选择在 140 ℃时在黄铁矿基板表面进行观测，140 ℃时不同酸度下黄铁矿基板上硫黄润湿角，如图 3-28 所示。

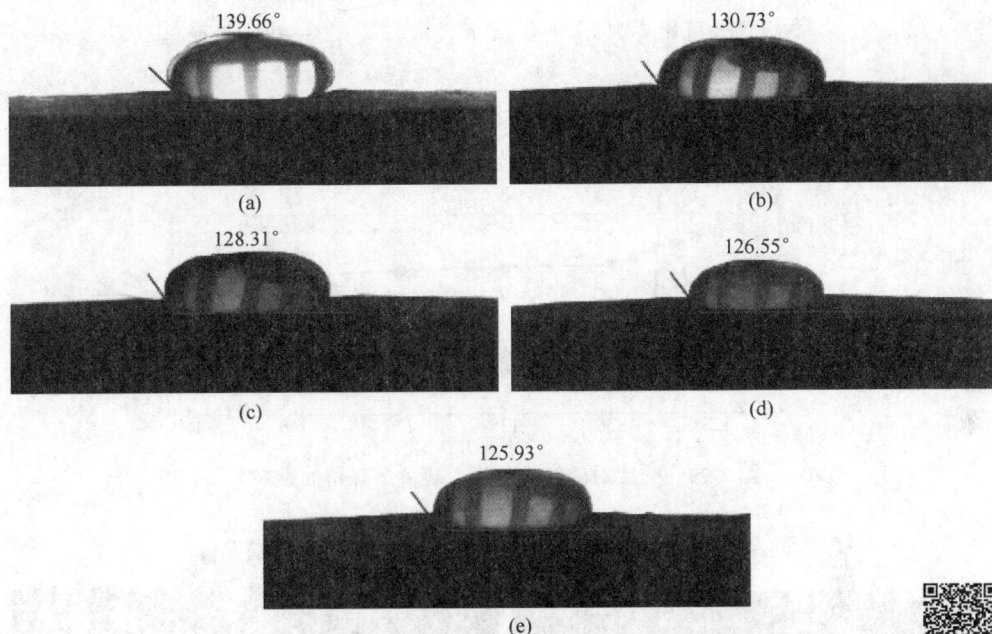

图 3-28　140 ℃时不同酸度下黄铁矿基板上硫黄润湿角
(a) 0 g/L；(b) 60 g/L；(c) 80 g/L；(d) 100 g/L；(e) 120 g/L

扫一扫看
更清楚

由图 3-27 可知，在不同酸度下，黄铁矿基板和硫黄润湿角均随温度的升高而逐步下降，在 130 ℃左右达到稳定。随着硫酸加入，黄铁矿基板上硫黄的稳定润湿角迅速减小，随着酸度的提高，黄铁矿基板和硫黄润湿角呈现减小趋势，由 139.66°不断降至 125.93°，不同酸度之间变化不大。

3.6.2　酸度对闪锌矿基板上硫黄润湿角的影响

在添加剂含量为 1.5%，氧分压为 0.25 MPa 的条件下，分别考察了酸度为 0~120 g/L 时闪锌矿基板上硫黄润湿角的变化规律，实验结果如图 3-29 所示。当温度超过 140 ℃后闪锌矿基板表面和硫酸反应，导致无法正常观测润湿角，因此选择在 140 ℃时在闪锌矿基板表面进行观测，140 ℃时不同酸度下闪锌矿基板上硫黄润湿角，如图 3-30 所示。

由图 3-29 可知，在不同酸度下，闪锌矿基板和硫黄润湿角均随温度的升高而逐步下降，在 130 ℃左右达到稳定。随着硫酸加入，闪锌矿基板上硫黄的稳定润湿角迅速减小，随着酸度的提高，闪锌矿基板和硫黄润湿角呈现减小趋势，由 144.94°不断降至 135.2°，不同酸度之间变化不大。

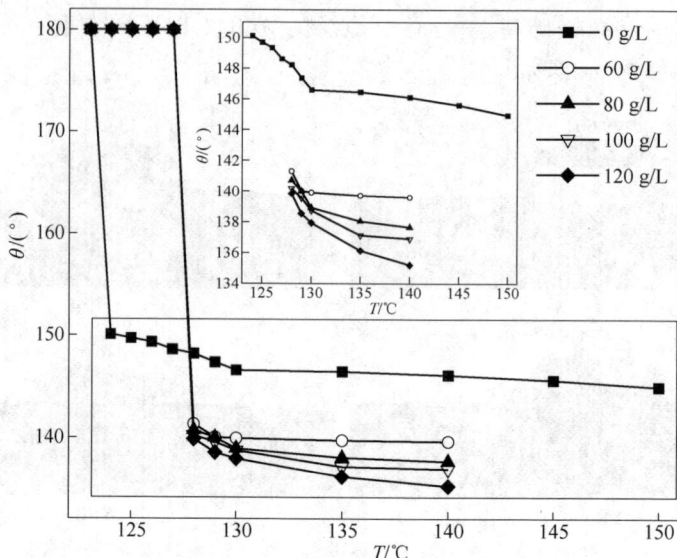

图 3-29　酸度对闪锌矿基板上硫黄润湿角的影响

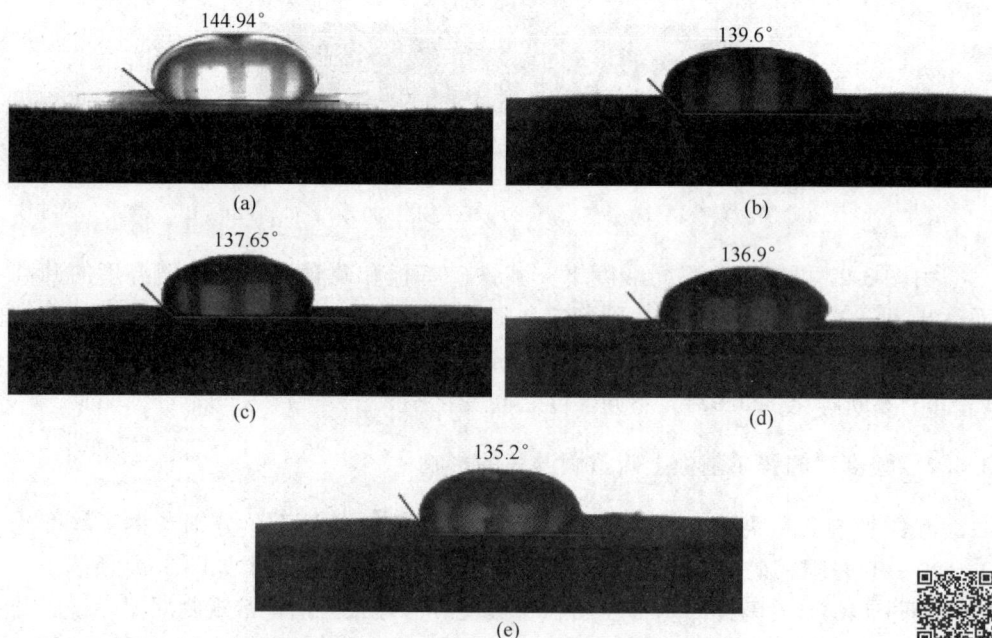

图 3-30　140 ℃时不同酸度下闪锌矿基板上硫黄润湿角
（a）0 g/L；（b）60 g/L；（c）80 g/L；（d）100 g/L；（e）120 g/L

扫一扫看
更清楚

3.6.3　酸度对石膏基板上硫黄润湿角的影响

在添加剂含量为 1.5%，氧分压为 0.25 MPa 的条件下，分别考察了酸度为
0~120 g/L 时石膏基板上硫黄润湿角的变化规律，实验结果如图 3-31 所示。当温

度超过 130 ℃后石膏基板表面和硫酸反应，导致无法正常观测润湿角，因此选择在 130 ℃时硫黄在石膏基板表面进行观测，130 ℃时不同酸度下石膏基板和硫黄润湿角的照片如图 3-32 所示。

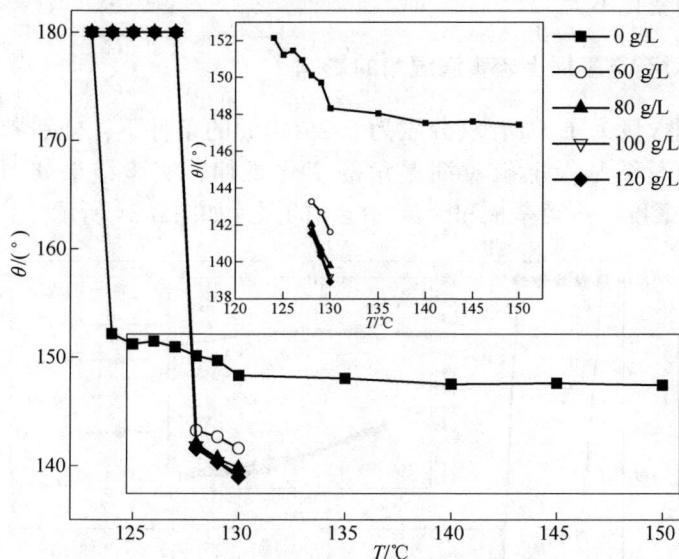

图 3-31 酸度对石膏基板上硫黄润湿角的影响

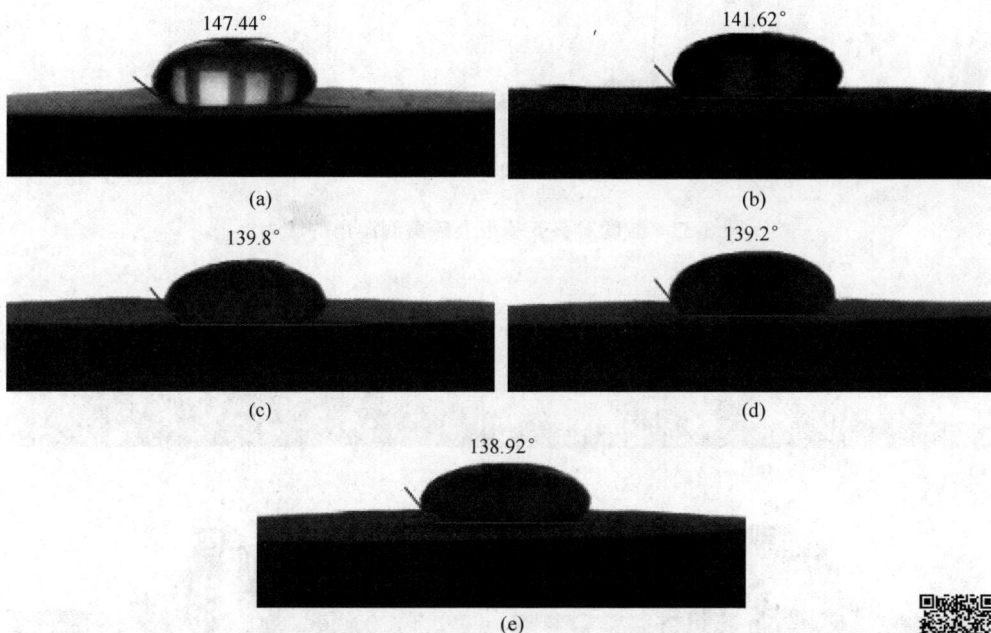

(a)

(b)

(c)

(d)

(e)

图 3-32 130 ℃时不同酸度下石膏基板上硫黄润湿角

(a) 0 g/L；(b) 60 g/L；(c) 80 g/L；(d) 100 g/L；(e) 120 g/L

由图 3-31 可知，在不同酸度下，石膏基板和硫黄润湿角均随温度的升高而逐步下降。随着硫酸加入，石膏基板上硫黄的稳定润湿角迅速减小，且随着酸度的提高，石膏基板上硫黄润湿角呈现减小趋势，由 147.44° 不断降至 138.92°，不同酸度之间变化不大。

3.6.4　酸度对石英基板上硫黄润湿角的影响

在添加剂含量为 1.5%，氧分压为 0.25 MPa 的条件下，分别考察了酸度为 0~120 g/L 时石英基板上硫黄润湿角的变化规律，实验结果如图 3-33 所示。150 ℃ 时不同酸度下石英基板和硫黄润湿角的照片如图 3-34 所示。

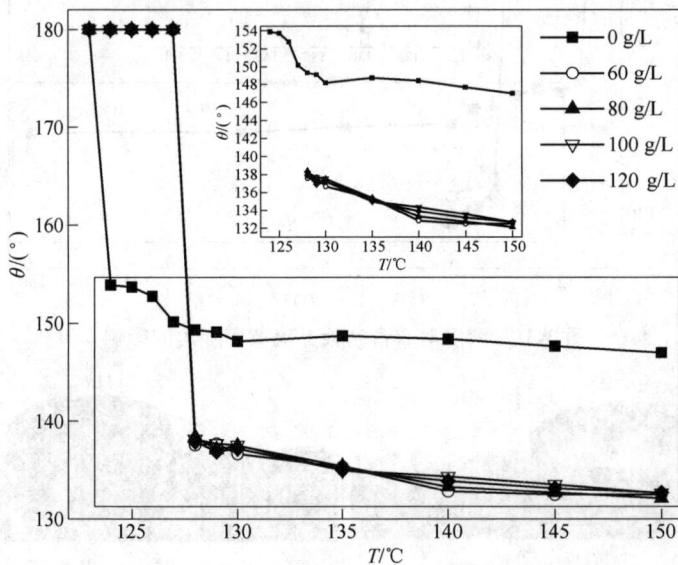

图 3-33　酸度对石英基板上硫黄润湿角的影响

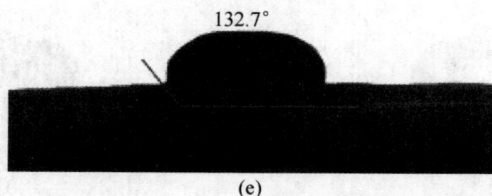

图 3-34 150 ℃时不同酸度下石英基板上硫黄润湿角

(a) 0 g/L；(b) 60 g/L；(c) 80 g/L；(d) 100 g/L；(e) 120 g/L

由图 3-33 可知，在不同酸度下，石英基板和硫黄润湿角均随温度的升高而逐步下降。随着硫酸加入，石英基板上硫黄的稳定润湿角迅速减小，随着酸度的提高，石英基板上硫黄润湿角呈现减小趋势，由 147°不断降至 132.7°，不同酸度之间变化不大。

3.6.5 酸度对云母基板上硫黄润湿角的影响

在添加剂含量为 1.5%，氧分压为 0.25 MPa 的条件下，分别考察了酸度为 0~120 g/L 时云母基板上硫黄润湿角的变化规律，实验结果如图 3-35 所示。150 ℃时不同酸度下云母基板和硫黄润湿角照片如图 3-36 所示。

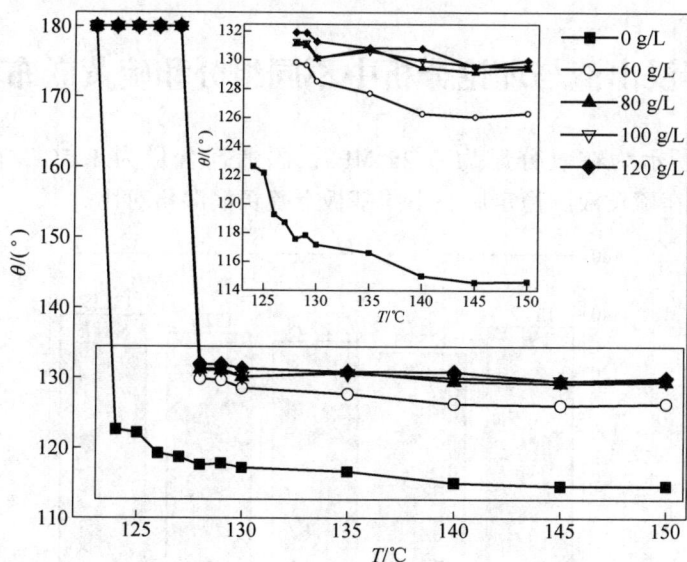

图 3-35 酸度对云母基板上硫黄润湿角的影响

由图 3-35 可知，在不同酸度下，云母基板和硫黄润湿角均随温度的升高而逐步下降。随着硫酸加入，云母基板和硫黄的稳定润湿角迅速增大，随着酸度的提高，云母基板上硫黄润湿角呈现先上升后稳定的趋势，由 114.61°提高至 129.95°后，再增加酸度硫黄润湿角变化不大。

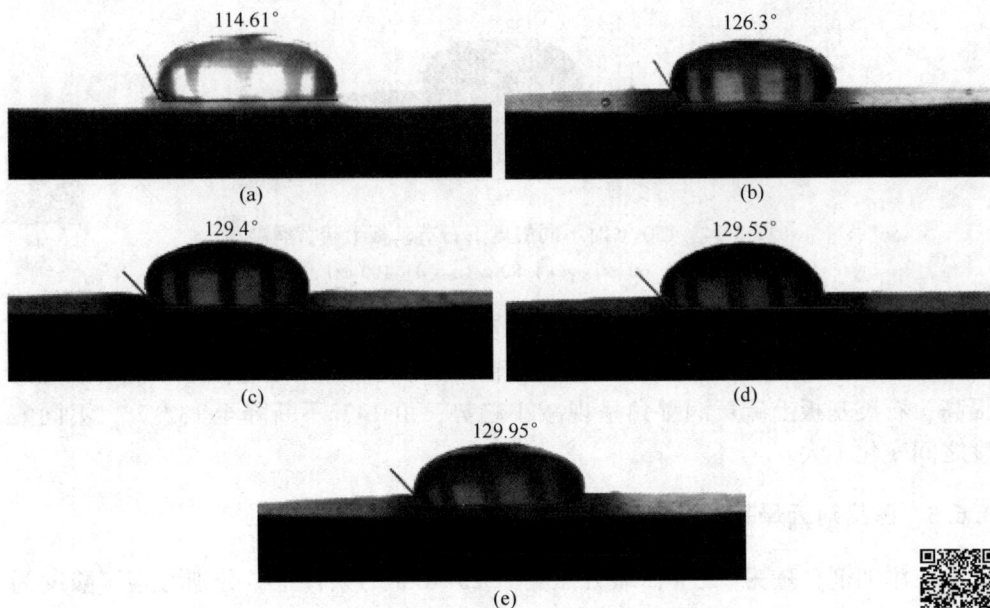

图 3-36　150 ℃时不同酸度下云母基板上硫黄润湿角
(a) 0 g/L；(b) 60 g/L；(c) 80 g/L；(d) 100 g/L；(e) 120 g/L

3.7　实际浸出渣与理论分析中不同组分和硫黄嵌布程度对比

图 3-37 所示为在氧分压为 0.25 MPa，添加剂含量为 1.5%，硫酸浓度为 120 g/L 时，在硫黄液滴稳定后，不同基板上硫黄润湿角对比。

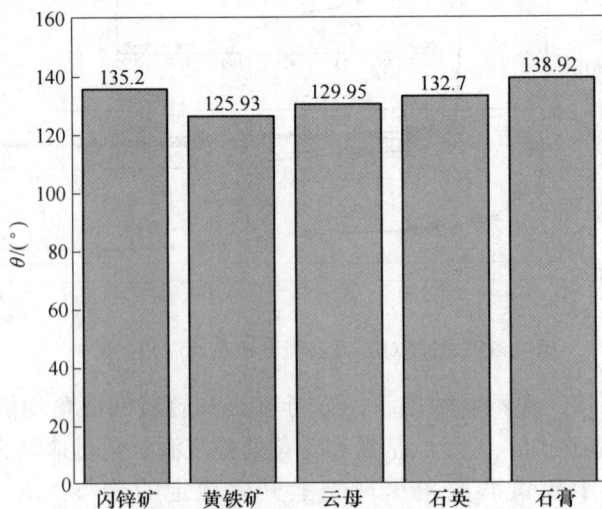

图 3-37　不同基板上硫黄润湿角对比

由图 3-37 可知，几种矿物基板和硫黄之间润湿角区别并不是很悬殊，润湿角从大到小排序是石膏>闪锌矿>石英>云母>黄铁矿，因此黄铁矿更容易和硫黄互相包裹，而石膏则更困难，其他矿物在两者之间。

高硫渣中各目的矿物的嵌布程度分析见表 3-4，表中统计了不同矿物之间连接的占比，据此可以反映目的矿物与其他矿物嵌布的紧密程度。

表 3-4　高硫渣中目的矿物嵌布程度分析　　　　　　　　　（%）

矿物名称	硫	闪锌矿	黄铁矿	石膏	石英	云母	其他	裸露
硫	0.00	32.22	15.59	5.38	0.36	0.66	32.37	13.44
闪锌矿	68.53	0.00	3.65	1.14	0.10	0.29	18.52	7.77
黄铁矿	71.18	11.01	0.00	0.79	0.07	0.09	11.51	5.35
石膏	67.66	10.01	2.25	0.00	0.10	0.11	13.84	6.03
石英	70.34	3.31	0.80	0.37	0.00	0.89	12.94	11.34
云母	70.46	5.35	1.04	0.47	0.97	0.00	15.60	6.11
其他	61.99	22.03	4.54	1.93	0.47	0.69	0.00	8.35

根据表 3-4 可知，闪锌矿边界总长度的 68.53% 与单质硫连接，而仅有 0.10% 与石英连接，有 7.77% 裸露，这意味着闪锌矿与单质硫的嵌布关系最为密切，与石英的嵌布关系最差，同时还有 7.77% 的边界是不与任何矿物相连的。

黄铁矿边界总长度的 71.18% 与单质硫连接，和石英以及云母连接长度仅有 0.07% 和 0.09%，说明黄铁矿和单质硫的嵌布关系要比闪锌矿和硫黄嵌布关系更为复杂，和石英、云母更难连生。

从表 3-4 可知，黄铁矿、云母、石英与单质硫的嵌布关系较为密切，与单质硫的连生边界均在 70% 以上；闪锌矿、石膏与单质硫的嵌布关系则不如上述矿物紧密，分别为 68.53% 和 67.66%。

3.8　硫黄与矿物润湿角变化的数学模型分析

因次分析又称量纲分析，它是根据和某一特定物理现象相关的一个完整集合的参量，通过对参量的量纲进行分析，提出一个控制这一物理现象的一般函数关系式。

集合中的参量包括基本参量（长度、时间、质量等）和导出参量（重力加速度、速度等），通过参量得到的一般函数关系式是指控制这一物理现象的一系列无因次乘积，其具体形式需要通过实验来确定。借助因次分析可以建立关于某一物理现象的准数关系式，并能分辨出影响结果的主要因素和次要因素。

3.8.1　待定参数的准数方程关系式的建立

首先建立润湿角数学模型，结合上述实验结果可知，石英透明釜内硫黄和不同基板间润湿角 θ 的大小主要受以下因素的影响。

（1）润湿角 θ 随着温度 T 的增大而减小，即 $\theta \propto T^a$。

（2）润湿角 θ 随着添加剂含量 C_a 的增加而增大，即 $\theta \propto C_a^b$。

（3）润湿角 θ 随着氧分压 P_g 的增加而增大，可以写成 $\theta \propto P_g^c$。

（4）润湿角 θ 随着酸度 C_h 的增加而减小（云母随 C_h 的增加而增大），可以写成 $\theta \propto C_h^d$。

总结前人的研究，润湿角和釜内直径 d、液面高度 H、硫黄球质量 M_s、气体密度 ρ_g、气体黏度 μ_g、液体密度 ρ_l、液体黏度 μ_l 和重力加速度 g 等因素有关，但它们在本实验中为定值，所以不再讨论。

为了将热力学温度 T 转化到 L-M-T 量纲系统中，需要将热力学温度转换为统计热力学温度 β。根据 β 的定义式可知其量纲为能量量纲的倒数，即：

$$[\beta] = M^{-1}L^{-2}T^2 \tag{3-2}$$

式中，M 为质量的量纲，kg；L 为长度的量纲，m；T 为时间的量纲，s。

因此，如果采用统计热力学温度来描述物体的冷热程度，那么其量纲就可以由 M、L 和 T 导出。统计热力学温度 β 与热力学温度的关系可以用关系式（3-3）表示：

$$\beta^{-1} = kT \tag{3-3}$$

式中，k 为玻耳兹曼常数，$k = 1.3806505 \times 10^{-23}$ J/K。

由以上分析，利用因次分析法，可以得出一般的函数形式为：

$$\theta = f(\beta,\ C_a,\ P_g,\ C_h,\ d,\ H,\ M_s,\ \rho_g,\ \mu_g,\ \rho_l,\ \mu_l,\ g) \tag{3-4}$$

或

$$f(\beta,\ C_a,\ P_g,\ C_h,\ d,\ H,\ M_s,\ \rho_g,\ \mu_g,\ \rho_l,\ \mu_l,\ g) = 0 \tag{3-5}$$

变量量纲表见表 3-5。

表 3-5　变量量纲表

量纲	θ	β	C_a	P_g	C_h	d	H	M_s	ρ_g	μ_g	ρ_l	μ_l	g
M	0	-1	1	1	1	0	0	1	1	1	1	1	0
L	0	-2	-3	-1	-3	1	1	0	-3	-1	-3	-1	1
T	0	2	0	-2	0	0	0	0	0	-1	0	-1	-2

选取 d、M_s、g 为独立变量，此外 θ 为无量纲的量，可直接表示。由布金汉定理的分析原理可以知道，总变量数 $n = 13$，独立变量数 $k = 3$，可建立 $n-k = 10$

个无量纲组合量。

$$
\left.\begin{array}{l}
\mathrm{dim}d = \mathrm{M}^{\alpha_1}\mathrm{L}^{\gamma_1}\mathrm{T}^{\lambda_1} = \mathrm{M}^0\mathrm{L}^1\mathrm{T}^0 \\
\mathrm{dim}\rho_1 = \mathrm{M}^{\alpha_2}\mathrm{L}^{\gamma_2}\mathrm{T}^{\lambda_2} = \mathrm{M}^1\mathrm{L}^0\mathrm{T}^0 \\
\mathrm{dim}\mu_1 = \mathrm{M}^{\alpha_3}\mathrm{L}^{\gamma_3}\mathrm{T}^{\lambda_3} = \mathrm{M}^0\mathrm{L}^1\mathrm{T}^{-2}
\end{array}\right\} \tag{3-6}
$$

$$
\begin{vmatrix}
\alpha_1 & \gamma_1 & \lambda_1 \\
\alpha_2 & \gamma_2 & \lambda_2 \\
\alpha_3 & \gamma_3 & \lambda_3
\end{vmatrix} = \begin{vmatrix}
0 & 1 & 0 \\
1 & 0 & 0 \\
0 & 1 & -2
\end{vmatrix} = -2 \neq 0 \tag{3-7}
$$

因为式（3-7）不等于零，因此各个 Π 分别表示为：

$$\Pi_0 = M_S^{\alpha_0}d^{\gamma_0}g^{\lambda_0}\theta \tag{3-8}$$

$$\Pi_1 = M_S^{\alpha_1}d^{\gamma_1}g^{\lambda_1}\beta \tag{3-9}$$

$$\Pi_2 = M_S^{\alpha_2}d^{\gamma_2}g^{\lambda_2}C_a \tag{3-10}$$

$$\Pi_3 = M_S^{\alpha_3}d^{\gamma_3}g^{\lambda_3}P_g \tag{3-11}$$

$$\Pi_4 = M_S^{\alpha_4}d^{\gamma_4}g^{\lambda_4}C_h \tag{3-12}$$

$$\Pi_5 = M_S^{\alpha_5}d^{\gamma_5}g^{\lambda_5}H \tag{3-13}$$

$$\Pi_6 = M_S^{\alpha_6}d^{\gamma_6}g^{\lambda_6}\rho_g \tag{3-14}$$

$$\Pi_7 = M_S^{\alpha_7}d^{\gamma_7}g^{\lambda_7}\mu_g \tag{3-15}$$

$$\Pi_8 = M_S^{\alpha_8}d^{\gamma_8}g^{\lambda_8}\rho_1 \tag{3-16}$$

$$\Pi_9 = M_S^{\alpha_9}d^{\gamma_9}g^{\lambda_9}\mu_1 \tag{3-17}$$

对于 Π_0，代入这些量的因次可得到因次关系式：

$$[\mathrm{M}^0\mathrm{L}^0\mathrm{T}^0] = [\mathrm{M}]^{\alpha_0}[\mathrm{L}]^{\gamma_0}[\mathrm{LT}^{-2}]^{\lambda_0} \tag{3-18}$$

由此可得指数方程组：

$$
\left.\begin{array}{l}
\mathrm{M}: 0 = \alpha_0 \\
\mathrm{L}: 0 = \gamma_0 + \lambda_0 \\
\mathrm{T}: 0 = -2\lambda_0
\end{array}\right\} \tag{3-19}
$$

解得 $\alpha_0 = 0$，$\gamma_0 = 0$，$\lambda_0 = 0$。因此 $\Pi_0 = \theta$。

同理对于 Π_1：

$$[\mathrm{M}^0\mathrm{L}^0\mathrm{T}^0] = [\mathrm{M}]^{\alpha_1}[\mathrm{L}]^{\gamma_1}[\mathrm{LT}^{-2}]^{\lambda_1}[\mathrm{M}^{-1}\mathrm{L}^{-2}\mathrm{T}^2] \tag{3-20}$$

由此可得指数方程组：

$$
\left.\begin{array}{l}
\mathrm{M}: 0 = \alpha_1 - 1 \\
\mathrm{L}: 0 = \gamma_1 + \lambda_1 - 2 \\
\mathrm{T}: 0 = -2\lambda_1 + 2
\end{array}\right\} \tag{3-21}
$$

解得 $\alpha_1 = 1$，$\gamma_1 = 1$，$\lambda_1 = 1$。因此 $\Pi_1 = M_Sdg\beta$。

对于 Π_2：

$$\left[M^0 L^0 T^0 \right] = \left[M \right]^{\alpha_2} \left[L \right]^{\gamma_2} \left[LT^{-2} \right]^{\lambda_2} \left[ML^{-3} \right] \tag{3-22}$$

由此可得指数方程组：

$$\left. \begin{array}{l} M: \ 0 = \alpha_2 + 1 \\ L: \ 0 = \gamma_2 + \lambda_2 - 3 \\ T: \ 0 = -2\lambda_2 \end{array} \right\} \tag{3-23}$$

解得 $\alpha_2 = -1$，$\gamma_2 = 3$，$\lambda_2 = 0$。因此 $\Pi_2 = \dfrac{d^3 C_a}{M_S}$。

对于 Π_3：

$$\left[M^0 L^0 T^0 \right] = \left[M \right]^{\alpha_3} \left[L \right]^{\gamma_3} \left[LT^{-2} \right]^{\lambda_3} \left[ML^{-1}T^{-2} \right] \tag{3-24}$$

由此可得指数方程组：

$$\left. \begin{array}{l} M: \ 0 = \alpha_3 + 1 \\ L: \ 0 = \gamma_3 + \lambda_3 - 1 \\ T: \ 0 = -2\lambda_3 - 2 \end{array} \right\} \tag{3-25}$$

解得 $\alpha_3 = -1$，$\gamma_3 = 2$，$\lambda_3 = -1$。因此 $\Pi_3 = \dfrac{d^2 P_g}{M_S g}$。

对于 Π_4：

$$\left[M^0 L^0 T^0 \right] = \left[M \right]^{\alpha_4} \left[L \right]^{\gamma_4} \left[LT^{-2} \right]^{\lambda_4} \left[ML^{-3} \right] \tag{3-26}$$

由此可得指数方程组：

$$\left. \begin{array}{l} M: \ 0 = \alpha_4 + 1 \\ L: \ 0 = \gamma_4 + \lambda_4 - 3 \\ T: \ 0 = -2\lambda_4 \end{array} \right\} \tag{3-27}$$

解得 $\alpha_4 = -1$，$\gamma_4 = 3$，$\lambda_4 = 0$。因此 $\Pi_4 = \dfrac{d^3 C_h}{M_S}$。

对于 Π_5：

$$\left[M^0 L^0 T^0 \right] = \left[M \right]^{\alpha_5} \left[L \right]^{\gamma_5} \left[LT^{-2} \right]^{\lambda_5} \left[L \right] \tag{3-28}$$

由此可得指数方程组：

$$\left. \begin{array}{l} M: \ 0 = \alpha_5 \\ L: \ 0 = \gamma_5 + \lambda_5 \\ T: \ 0 = -2\lambda_5 \end{array} \right\} \tag{3-29}$$

解得 $\alpha_5 = 0$，$\gamma_5 = 0$，$\lambda_5 = 0$。因此 $\Pi_5 = H$。

对于 Π_6：

$$\left[M^0 L^0 T^0 \right] = \left[M \right]^{\alpha_6} \left[L \right]^{\gamma_6} \left[LT^{-2} \right]^{\lambda_6} \left[ML^{-3} \right] \tag{3-30}$$

由此可得指数方程组：

$$\left.\begin{array}{l} M: 0 = \alpha_6 + 1 \\ L: 0 = \gamma_6 - 2\lambda_6 - 3 \\ T: 0 = -2\lambda_6 \end{array}\right\} \tag{3-31}$$

解得 $\alpha_6 = -1$，$\gamma_6 = 3$，$\lambda_6 = 0$。因此 $\Pi_6 = \dfrac{d^3 \rho_g}{M_S}$。

对于 Π_7：

$$[M^0 L^0 T^0] = [M]^{\alpha_7}[L]^{\gamma_7}[LT^{-2}]^{\lambda_7}[ML^{-1}T^{-1}] \tag{3-32}$$

由此可得指数方程组：

$$\left.\begin{array}{l} M: 0 = \alpha_7 + 1 \\ L: 0 = \gamma_7 + \lambda_7 - 1 \\ T: 0 = -2\lambda_7 - 1 \end{array}\right\} \tag{3-33}$$

解得 $\alpha_7 = -1$，$\gamma_7 = 3/2$，$\lambda_7 = -1/2$。因此 $\Pi_7 = \dfrac{d^{\frac{3}{2}} \mu_g}{M_S g^{\frac{1}{2}}}$。

对于 Π_8：

$$[M^0 L^0 T^0] = [M]^{\alpha_8}[L]^{\gamma_8}[LT^{-2}]^{\lambda_8}[ML^{-3}] \tag{3-34}$$

由此可得指数方程组：

$$\left.\begin{array}{l} M: 0 = \alpha_8 + 1 \\ L: 0 = \gamma_8 + \lambda_8 - 3 \\ T: 0 = -2\lambda_8 \end{array}\right\} \tag{3-35}$$

解得 $\alpha_8 = -1$，$\gamma_8 = 3$，$\lambda_8 = 0$。因此 $\Pi_8 = \dfrac{d^3 \rho_l}{M_s}$。

对于 Π_9：

$$[M^0 L^0 T^0] = [M]^{\alpha_9}[L]^{\gamma_9}[LT^{-2}]^{\lambda_9}[ML^{-1}T^{-1}] \tag{3-36}$$

由此可得指数方程组：

$$\left.\begin{array}{l} M: 0 = \alpha_9 + 1 \\ L: 0 = \gamma_9 + \lambda_9 - 1 \\ T: 0 = -2\lambda_9 - 1 \end{array}\right\} \tag{3-37}$$

解得 $\alpha_9 = -1$，$\gamma_9 = 3/2$，$\lambda_9 = -1/2$。因此 $\Pi_9 = \dfrac{d^{\frac{3}{2}} \mu_l}{M_S g}$。

根据实验的具体情况，d，H，M_s，ρ_g，μ_g，ρ_l，μ_l，g 都是定值，于是可以得到：

$$f\left(\theta,\ M_{\mathrm{S}}dg\beta,\ \frac{d^3C_{\mathrm{a}}}{M_{\mathrm{S}}},\ \frac{d^2P_{\mathrm{g}}}{M_{\mathrm{S}}g},\ \frac{d^3C_{\mathrm{h}}}{M_{\mathrm{S}}}\right)=0 \tag{3-38}$$

为了得到润湿角 θ 的表达式，式（3-38）可以表示为显函数的形式：

$$\theta=f_1\left(M_{\mathrm{S}}dg\beta,\ \frac{d^3C_{\mathrm{a}}}{M_{\mathrm{S}}},\ \frac{d^2P_{\mathrm{g}}}{M_{\mathrm{S}}g},\ \frac{d^3C_{\mathrm{h}}}{M_{\mathrm{S}}}\right) \tag{3-39}$$

各种现象的准数关系式往往可以整理成幂函数的形式来表述，因此可以拟合出经验准则公式为：

$$\theta=k(M_{\mathrm{S}}dg\beta)^a\left(\frac{d^3C_{\mathrm{a}}}{M_{\mathrm{S}}}\right)^b\left(\frac{d^2P_{\mathrm{g}}}{M_{\mathrm{S}}g}\right)^c\left(\frac{d^3C_{\mathrm{h}}}{M_{\mathrm{S}}}\right)^d \tag{3-40}$$

式中，k，a，b，c，d 为待定系数。

对式（3-40）的方程两边分别取对数可得

$$\ln\theta=\ln k+a\ln(M_{\mathrm{S}}dg\beta)+b\ln\left(\frac{d^3C_{\mathrm{a}}}{M_{\mathrm{S}}}\right)+c\ln\left(\frac{d^2P_{\mathrm{g}}}{M_{\mathrm{S}}g}\right)+d\ln\left(\frac{d^3C_{\mathrm{h}}}{M_{\mathrm{S}}}\right) \tag{3-41}$$

3.8.2　在不同条件下黄铁矿基板上硫黄润湿角因次分析

将本实验中的定值 $d=0.085\ \mathrm{m}$，$M_{\mathrm{S}}=10^{-4}\ \mathrm{kg}$，$g=9.8\ \mathrm{m/s^2}$ 代入式（3-41）中得到一般线性关系式，之后将实验数据（表3-6）进行拟合，拟合结果如图3-38所示。

表 3-6　硫黄球和黄铁矿基板之间润湿角实验数据

$\theta/(°)$	$\beta/\mathrm{s^2 \cdot kg^{-1} \cdot m^{-2}}$	$C_{\mathrm{a}}/\mathrm{kg \cdot m^{-3}}$	$P_{\mathrm{g}}/\mathrm{kg \cdot m^{-1} \cdot s^{-2}}$	$C_{\mathrm{h}}/\mathrm{kg \cdot m^{-3}}$
143.22	1.83×10^{20}	0.3	2×10^5	0
142.31	1.82×10^{20}	0.3	2×10^5	0
141.39	1.82×10^{20}	0.3	2×10^5	0
139.52	1.82×10^{20}	0.3	2×10^5	0
140.14	1.81×10^{20}	0.3	2×10^5	0
138.93	1.80×10^{20}	0.3	2×10^5	0
137.65	1.80×10^{20}	0.3	2×10^5	0
137.13	1.79×10^{20}	0.3	2×10^5	0
128.34	1.71×10^{20}	0	2×10^5	0
132.29	1.71×10^{20}	0.1	2×10^5	0
134.02	1.71×10^{20}	0.2	2×10^5	0
135.06	1.71×10^{20}	0.3	2×10^5	0
135.1	1.71×10^{20}	0.4	2×10^5	0
128.12	1.71×10^{20}	0.3	1×10^5	0

$\theta/(°)$	$\beta/s^2 \cdot kg^{-1} \cdot m^{-2}$	$C_a/kg \cdot m^{-3}$	$P_g/kg \cdot m^{-1} \cdot s^{-2}$	$C_h/kg \cdot m^{-3}$
130. 13	$1.71×10^{20}$	0. 3	$1.5×10^5$	0
139. 66	$1.71×10^{20}$	0. 3	$2.5×10^5$	0
130. 73	$1.75×10^{20}$	0. 3	$2×10^5$	60
128. 31	$1.75×10^{20}$	0. 3	$2×10^5$	80
126. 55	$1.75×10^{20}$	0. 3	$2×10^5$	100
125. 93	$1.75×10^{20}$	0. 3	$2×10^5$	120

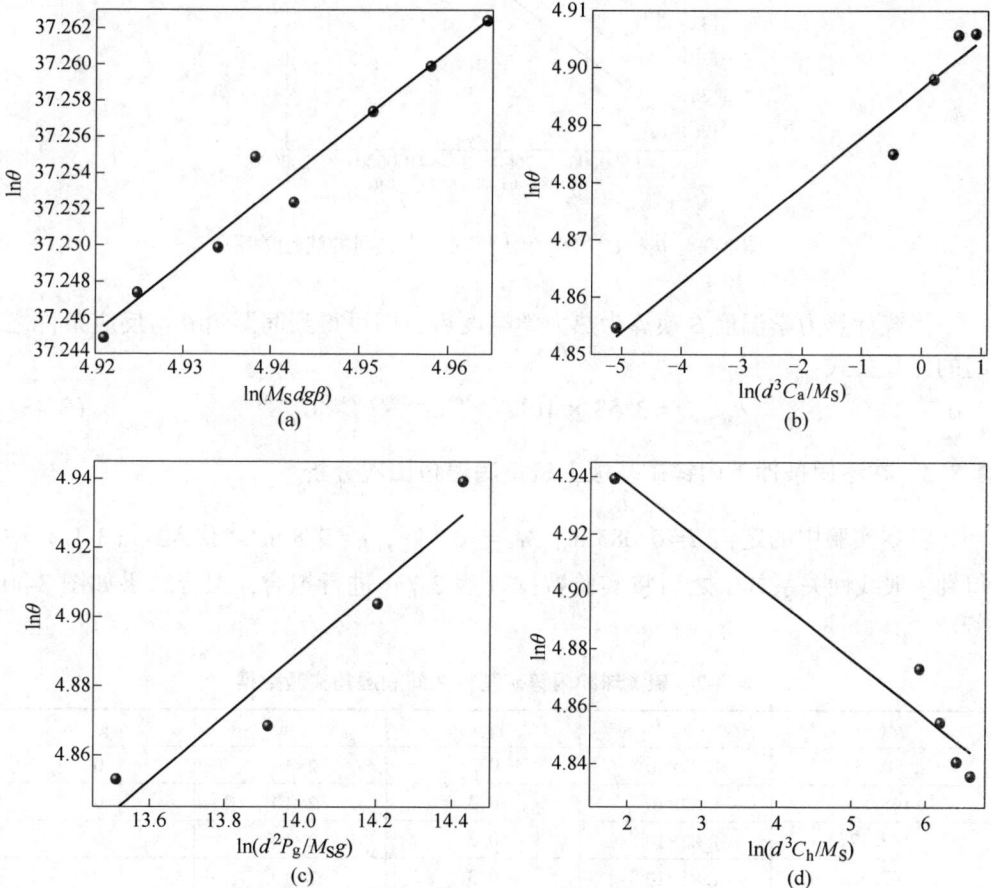

图 3-38 在不同条件下黄铁矿基板上硫黄润湿角之间的线性关系

（a）$\ln\theta$ 和 $\ln(M_S dg\beta)$；（b）$\ln\theta$ 和 $\ln(d^3 C_a/M_S)$；（c）$\ln\theta$ 和 $\ln(d^2 P_g/M_S g)$；（d）$\ln\theta$ 和 $\ln(d^3 C_h/M_S)$

根据图 3-38 中对数据的拟合处理得到的斜率可以知道拟合系数：$a = 0.389$、$b = 0.0085$、$c = 0.093$、$d = -0.02$，所以经过化简可以将式（3-40）简化成：

$$\theta = k_1 \beta^{0.389} C_a^{0.0085} P_g^{0.093} C_h^{-0.02} \tag{3-42}$$

θ 和 $\beta^{0.389} C_a^{0.0085} P_g^{0.093} C_h^{-0.02}$ 之间的关系由图 3-39 表达出来，虽然在图中表现出一定的分散性，但是直线拟合的相关系数超过 0.92。因此，从图 3-39 可以得到 k_1 的值为 4.58×10^{-5}。

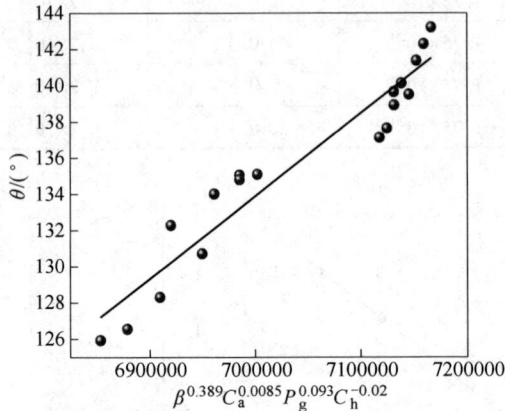

图 3-39 θ 和 $\beta^{0.389} C_a^{0.0085} P_g^{0.093} C_h^{-0.02}$ 之间的线性关系

将统计热力学温度 β 换算为热力学温度后，即可得到润湿角 θ 与反应条件之间的经验公式：

$$\theta_{黄铁矿} = 3.58 \times 10^4 T^{-0.389} C_a^{0.0085} P_g^{0.093} C_h^{-0.02} \tag{3-43}$$

3.8.3   在不同条件下闪锌矿基板上硫黄润湿角因次分析

将本实验中的定值 $d = 0.085$ m，$M_S = 10^{-4}$ kg，$g = 9.8$ m/s^2 代入式（3-41）中得到一般线性关系式，之后将实验数据（表 3-7）进行拟合，拟合结果如图 3-40 所示。

表 3-7   硫黄球和闪锌矿基板之间润湿角实验数据

$\theta/(°)$	$\beta/s^2 \cdot kg^{-1} \cdot m^{-2}$	$C_a/kg \cdot m^{-3}$	$P_g/kg \cdot m^{-1} \cdot s^{-2}$	$C_h/kg \cdot m^{-3}$
148.3	1.83×10^{20}	0.3	2×10^5	0
148.52	1.82×10^{20}	0.3	2×10^5	0
147.17	1.82×10^{20}	0.3	2×10^5	0
147.52	1.81×10^{20}	0.3	2×10^5	0
146.36	1.81×10^{20}	0.3	2×10^5	0
144.76	1.81×10^{20}	0.3	2×10^5	0
143.5	1.80×10^{20}	0.3	2×10^5	0
142.94	1.80×10^{20}	0.3	2×10^5	0
138.39	1.71×10^{20}	0.1	2×10^5	0

续表 3-7

$\theta/(°)$	$\beta/s^2 \cdot kg^{-1} \cdot m^{-2}$	$C_a/kg \cdot m^{-3}$	$P_g/kg \cdot m^{-1} \cdot s^{-2}$	$C_h/kg \cdot m^{-3}$
140.62	1.71×10^{20}	0.2	2×10^5	0
142.55	1.71×10^{20}	0.3	2×10^5	0
142.8	1.71×10^{20}	0.4	2×10^5	0
136.01	1.71×10^{20}	0.3	1×10^5	0
138.3	1.71×10^{20}	0.3	1.5×10^5	0
144.94	1.71×10^{20}	0.3	2.5×10^5	0
139.6	1.75×10^{20}	0.3	2.5×10^5	60
137.65	1.75×10^{20}	0.3	2.5×10^5	80
136.9	1.75×10^{20}	0.3	2.5×10^5	100
135.2	1.75×10^{20}	0.3	2.5×10^5	120

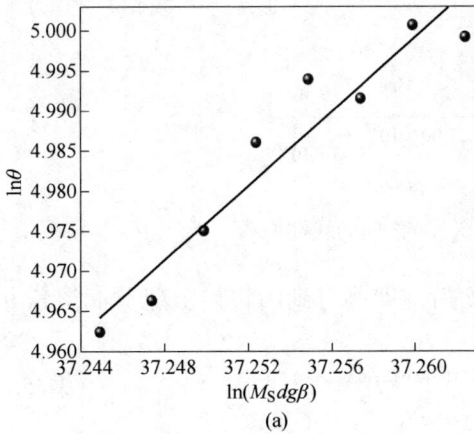

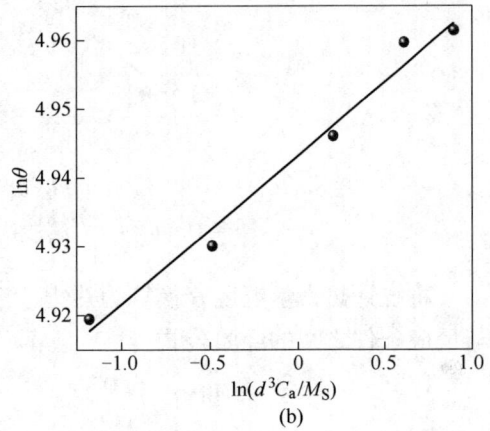

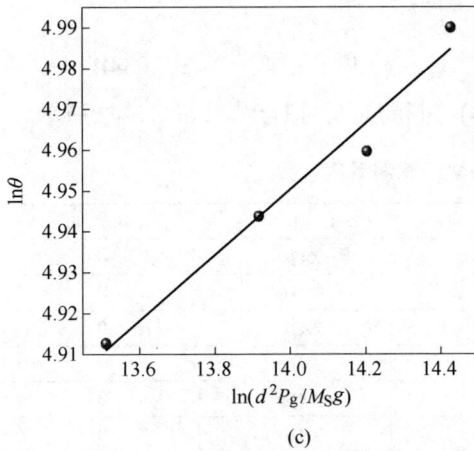

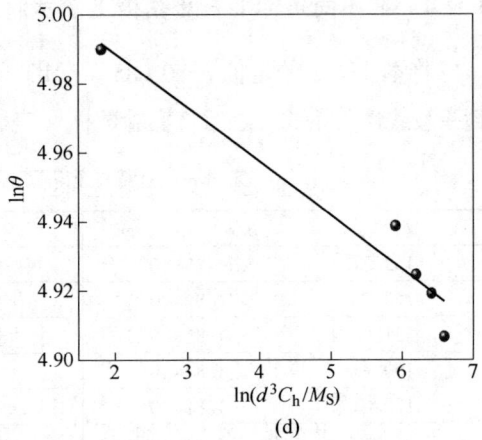

图 3-40　在不同条件下闪锌矿基板上硫黄润湿角之间的线性关系

（a）$\ln\theta$ 和 $\ln(M_S dg\beta)$；（b）$\ln\theta$ 和 $\ln(d^3 C_a/M_S)$；（c）$\ln\theta$ 和 $\ln(d^2 P_g/M_S g)$；（d）$\ln\theta$ 和 $\ln(d^3 C_h/M_S)$

根据图 3-40 中对数据的拟合处理得到的斜率可以知道拟合系数：$a = 2.32$、$b = 0.022$、$c = 0.08$、$d = -0.016$，所以经过化简可以将式（3-40）简化成：

$$\theta = k_1 \beta^{2.32} C_a^{0.022} P_g^{0.08} C_h^{-0.016} \tag{3-44}$$

θ 和 $\beta^{2.32} C_a^{0.022} P_g^{0.08} C_h^{-0.016}$ 之间的关系由图 3-41 表达出来，虽然点在图中表现出一定的分散性，但是直线拟合的相关系数超过 0.94。因此，从图 3-41 可以得到 k_1 的值为 1.35×10^{-30}。

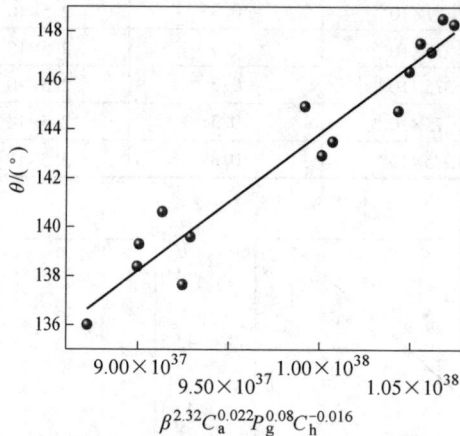

图 3-41　θ 和 $\beta^{2.32} C_a^{0.022} P_g^{0.08} C_h^{-0.016}$ 之间的线性关系

将统计热力学温度 β 换算为热力学温度后，即可得到闪锌矿上硫黄润湿角 θ 与反应条件之间的经验公式：

$$\theta_{闪锌矿} = 6.07 \times 10^{16} T^{-2.32} C_a^{0.022} P_g^{0.08} C_h^{-0.016} \tag{3-45}$$

3.8.4　在不同条件下石膏基板上硫黄润湿角因次分析

将本实验中的定值 $d = 0.085$ m，$M_S = 10^{-4}$ kg，$g = 9.8$ m/s^2 代入式（3-41）中得到一般线性关系式，之后将实验数据（表 3-8）进行拟合，拟合结果如图 3-42 所示。

表 3-8　硫黄球和石膏基板之间润湿角实验数据

$\theta/(°)$	$\beta/s^2 \cdot kg^{-1} \cdot m^{-2}$	$C_a/kg \cdot m^{-3}$	$P_g/kg \cdot m^{-1} \cdot s^{-2}$	$C_h/kg \cdot m^{-3}$
153.32	1.83×10^{20}	0.3	2×10^5	0
153.37	1.82×10^{20}	0.3	2×10^5	0
151.69	1.82×10^{20}	0.3	2×10^5	0
150.93	1.82×10^{20}	0.3	2×10^5	0
150.62	1.81×10^{20}	0.3	2×10^5	0
149.55	1.80×10^{20}	0.3	2×10^5	0
149.02	1.80×10^{20}	0.3	2×10^5	0
148.62	1.80×10^{20}	0.3	2×10^5	0

$\theta/(°)$	$\beta/s^2 \cdot kg^{-1} \cdot m^{-2}$	$C_a/kg \cdot m^{-3}$	$P_g/kg \cdot m^{-1} \cdot s^{-2}$	$C_h/kg \cdot m^{-3}$
137.62	1.71×10^{20}	0	2×10^5	0
141.02	1.71×10^{20}	0.1	2×10^5	0
142.52	1.71×10^{20}	0.2	2×10^5	0
146.35	1.71×10^{20}	0.3	2×10^5	0
146.41	1.71×10^{20}	0.4	2×10^5	0
138.02	1.71×10^{20}	0.3	1×10^5	0
142.3	1.71×10^{20}	0.3	1.5×10^5	0
147.44	1.71×10^{20}	0.3	2.5×10^5	0
141.62	1.75×10^{20}	0.3	2.5×10^5	60
139.8	1.75×10^{20}	0.3	2.5×10^5	80
139.2	1.75×10^{20}	0.3	2.5×10^5	100
138.92	1.75×10^{20}	0.3	2.5×10^5	120

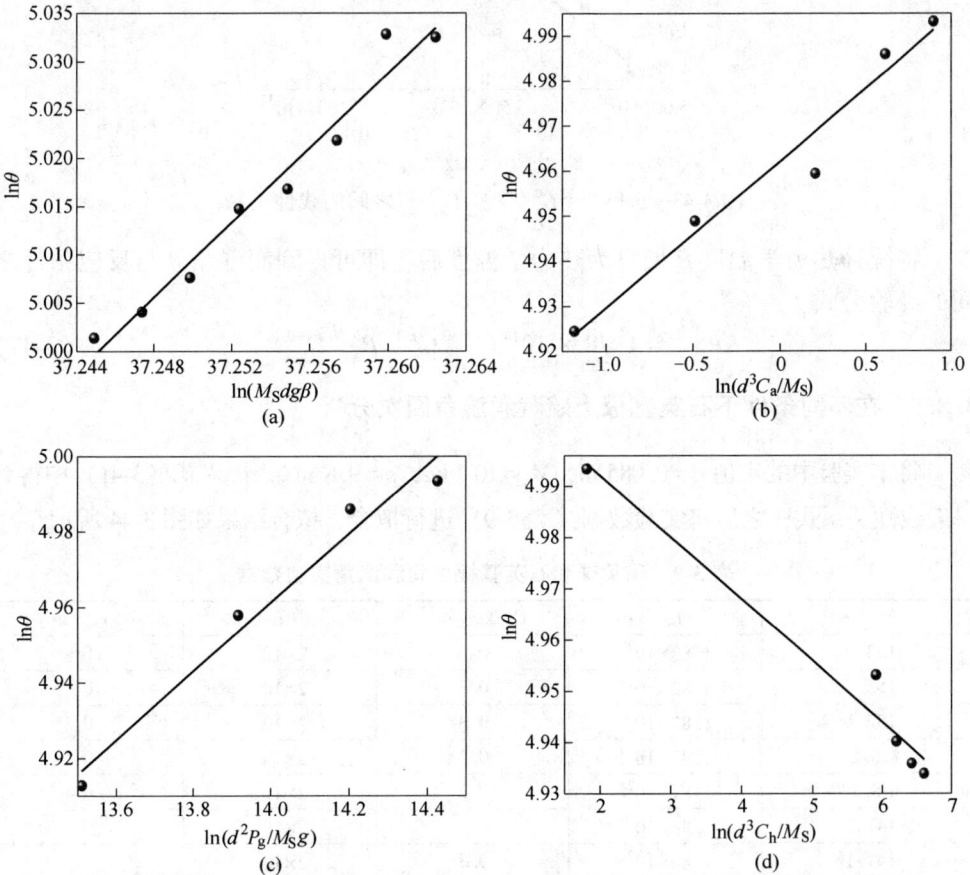

图 3-42 在不同条件下石膏基板上硫黄润湿角之间的线性关系

(a) $\ln\theta$ 和 $\ln(M_S dg\beta)$；(b) $\ln\theta$ 和 $\ln(d^3 C_a/M_S)$；(c) $\ln\theta$ 和 $\ln(d^2 P_g/M_S g)$；(d) $\ln\theta$ 和 $\ln(d^3 C_h/M_S)$

根据图 3-42 中对数据的拟合处理得到的斜率可以知道拟合系数：$a = 1.93$、$b = 0.033$、$c = 0.09$、$d = -0.012$，所以经过化简可以将式（3-40）简化成：

$$\theta = k_1 \beta^{1.93} C_a^{0.033} P_g^{0.09} C_h^{-0.012} \tag{3-46}$$

θ 和 $\beta^{1.93} C_a^{0.033} P_g^{0.09} C_h^{-0.012}$ 之间的关系由图 3-43 表达出来，虽然点在图中表现出一定的分散性，但是直线拟合的相关系数超过 0.936。因此，从图 3-43 可以得到 k_1 的值为 1.35×10^{-30}。

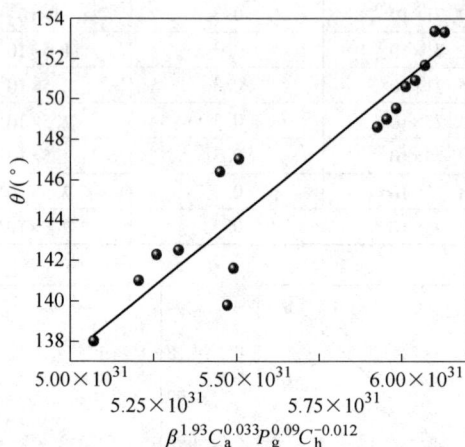

图 3-43　θ 和 $\beta^{1.93} C_a^{0.033} P_g^{0.09} C_h^{-0.012}$ 之间的线性关系

将统计热力学温度 β 换算为热力学温度后，即可得到润湿角 θ 与反应条件之间的经验公式：

$$\theta_{石膏} = 1.78 \times 10^{14} T^{-1.93} C_a^{0.033} P_g^{0.09} C_h^{-0.012} \tag{3-47}$$

3.8.5　在不同条件下石英基板上硫黄润湿角因次分析

将本实验中的定值 $d = 0.085$ m，$M_S = 10^{-4}$ kg，$g = 9.8$ m/s^2 代入式（3-41）中得到一般线性关系式，之后将实验数据（表 3-9）进行拟合，拟合结果如图 3-44 所示。

表 3-9　硫黄球和石英基板之间润湿角实验数据

$\theta/(°)$	$\beta/s^2 \cdot kg^{-1} \cdot m^{-2}$	$C_a/kg \cdot m^{-3}$	$P_g/kg \cdot m^{-1} \cdot s^{-2}$	$C_h/kg \cdot m^{-3}$
153.9	1.83×10^{20}	0.3	2×10^5	0
153.7	1.82×10^{20}	0.3	2×10^5	0
152.1	1.82×10^{20}	0.3	2×10^5	0
150.88	1.82×10^{20}	0.3	2×10^5	0
148.14	1.81×10^{20}	0.3	2×10^5	0
147.5	1.81×10^{20}	0.3	2×10^5	0
147.1	1.80×10^{20}	0.3	2×10^5	0
146.8	1.80×10^{20}	0.3	2×10^5	0
139.34	1.71×10^{20}	0	2×10^5	0

$\theta/(°)$	$\beta/s^2 \cdot kg^{-1} \cdot m^{-2}$	$C_a/kg \cdot m^{-3}$	$P_g/kg \cdot m^{-1} \cdot s^{-2}$	$C_h/kg \cdot m^{-3}$
141.98	$1.71×10^{20}$	0.1	$2×10^5$	0
143	$1.71×10^{20}$	0.2	$2×10^5$	0
145.31	$1.71×10^{20}$	0.3	$2×10^5$	0
144.89	$1.71×10^{20}$	0.4	$2×10^5$	0
138.3	$1.71×10^{20}$	0.3	$1×10^5$	0
141.37	$1.71×10^{20}$	0.3	$1.5×10^5$	0
144	$1.71×10^{20}$	0.3	$2.5×10^5$	0
132.5	$1.71×10^{20}$	0.3	$2.5×10^5$	60
132.1	$1.71×10^{20}$	0.3	$2.5×10^5$	80
132.65	$1.71×10^{20}$	0.3	$2.5×10^5$	100
132.7	$1.71×10^{20}$	0.3	$2.5×10^5$	120

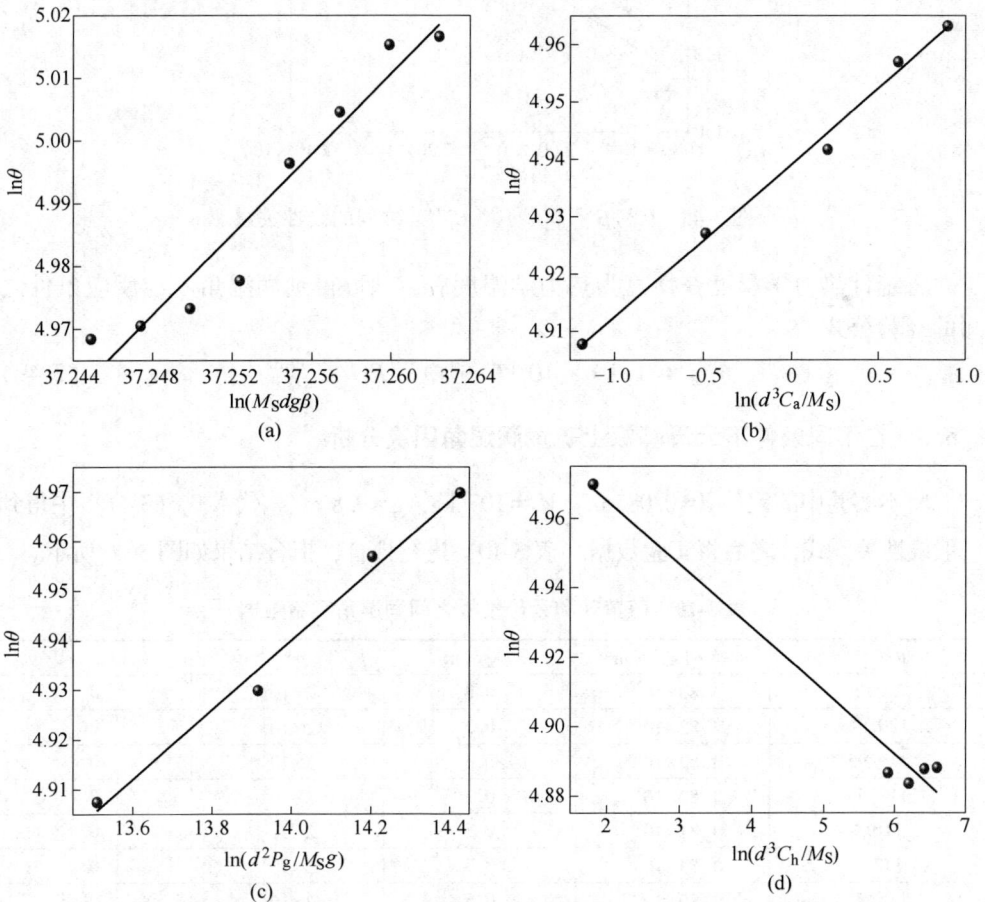

图 3-44　在不同条件下石英基板上硫黄润湿角之间的线性关系

(a) $\ln\theta$ 和 $\ln(M_Sdg\beta)$；(b) $\ln\theta$ 和 $\ln(d^3C_a/M_S)$；(c) $\ln\theta$ 和 $\ln(d^2P_g/M_Sg)$；(d) $\ln\theta$ 和 $\ln(d^3C_h/M_S)$

根据图 3-44 中对数据的拟合处理得到的斜率可以知道拟合系数：$a = 3.21$、$b = 0.027$、$c = 0.07$、$d = -0.018$，所以经过化简可以将式（3-40）简化成：

$$\theta = k_1 \beta^{3.21} C_a^{0.027} P_g^{0.07} C_h^{-0.018} \tag{3-48}$$

θ 和 $\beta^{3.21} C_a^{0.027} P_g^{0.07} C_h^{-0.018}$ 之间的关系由图 3-45 表达出来，虽然点在图中表现出一定的分散性，但是直线拟合的相关系数超过 0.9。因此，从图 3-45 可以得到 k_1 的值为 2.60×10^{-51}。

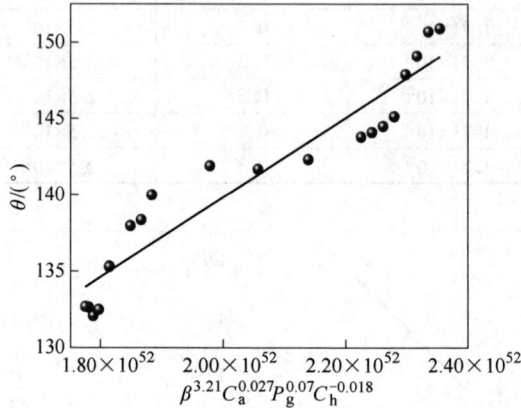

图 3-45　θ 和 $\beta^{3.21} C_a^{0.027} P_g^{0.07} C_h^{-0.018}$ 之间的线性关系

将统计热力学温度 β 换算为热力学温度后，即可得到润湿角 θ 与反应条件之间的经验公式：

$$\theta_{石英} = 1.19 \times 10^{24} T^{-3.21} C_a^{0.027} P_g^{0.07} C_h^{-0.018} \tag{3-49}$$

3.8.6　在不同条件下云母基板上硫黄润湿角因次分析

将本实验中的定值 $d = 0.085$ m，$M_S = 10^{-4}$ kg，$g = 9.8$ m/s^2 代入式（3-41）中得到一般线性关系式，之后将实验数据（表 3-10）进行拟合，拟合结果如图 3-46 所示。

表 3-10　硫黄球和云母基板之间润湿角实验数据

$\theta/(°)$	$\beta/\text{s}^2 \cdot \text{kg}^{-1} \cdot \text{m}^{-2}$	$C_a/\text{kg} \cdot \text{m}^{-3}$	$P_g/\text{kg} \cdot \text{m}^{-1} \cdot \text{s}^{-2}$	$C_h/\text{kg} \cdot \text{m}^{-3}$
121.1	1.83×10^{20}	0.3	2×10^5	0
120.94	1.82×10^{20}	0.3	2×10^5	0
119.95	1.82×10^{20}	0.3	2×10^5	0
118.53	1.82×10^{20}	0.3	2×10^5	0
116.4	1.81×10^{20}	0.3	2×10^5	0
117.1	1.81×10^{20}	0.3	2×10^5	0
116.93	1.80×10^{20}	0.3	2×10^5	0
116.35	1.80×10^{20}	0.3	2×10^5	0
106.57	1.71×10^{20}	0	2×10^5	0

$\theta/(°)$	$\beta/s^2 \cdot kg^{-1} \cdot m^{-2}$	$C_a/kg \cdot m^{-3}$	$P_g/kg \cdot m^{-1} \cdot s^{-2}$	$C_h/kg \cdot m^{-3}$
108.71	1.71×10^{20}	0.1	2×10^5	0
110.8	1.71×10^{20}	0.2	2×10^5	0
112.47	1.71×10^{20}	0.3	2×10^5	0
112.5	1.71×10^{20}	0.4	2×10^5	0
108.36	1.71×10^{20}	0.3	1×10^5	0
109.52	1.71×10^{20}	0.3	1.5×10^5	0
114.61	1.71×10^{20}	0.3	2.5×10^5	0
126.3	1.71×10^{20}	0.3	2.5×10^5	60
129.4	1.71×10^{20}	0.3	2.5×10^5	80
129.55	1.71×10^{20}	0.3	2.5×10^5	100
129.95	1.71×10^{20}	0.3	2.5×10^5	120

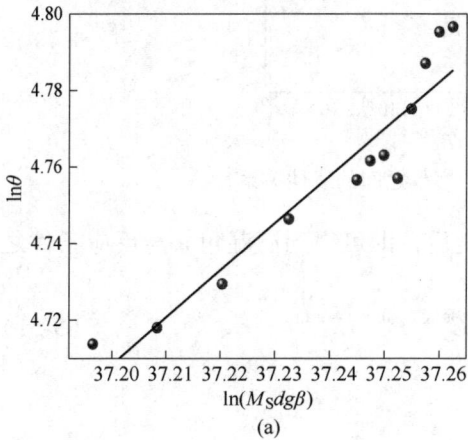

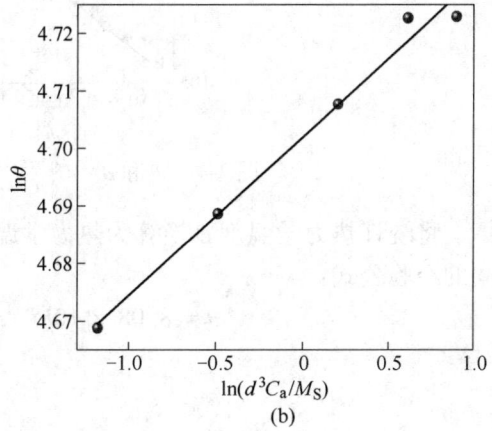

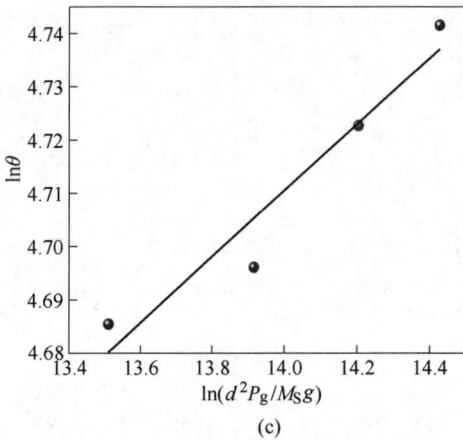

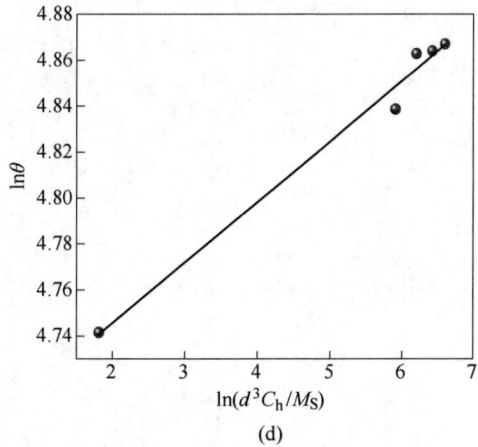

图 3-46　在不同条件下云母基板上硫黄润湿角之间的线性关系

（a）$\ln\theta$ 和 $\ln(M_S dg\beta)$；（b）$\ln\theta$ 和 $\ln(d^3 C_a/M_S)$；（c）$\ln\theta$ 和 $\ln(d^2 P_g/M_S g)$；（d）$\ln\theta$ 和 $\ln(d^3 C_h/M_S)$

根据图 3-46 中对数据的拟合处理得到的斜率可以知道拟合系数：$a=1.23$、$b=0.027$、$c=0.06$、$d=0.026$，所以经过化简可以将式（3-40）简化成：

$$\theta = k_1\beta^{1.23}C_a^{0.027}P_g^{0.06}C_h^{0.026} \tag{3-50}$$

θ 和 $\beta^{1.23}C_a^{0.027}P_g^{0.06}C_h^{0.026}$ 之间的关系由图 3-47 表达出来，直线拟合的相关系数超过 0.936。因此，从图 3-47 可以得到 k_1 的值为 6.16×10^{-19}。

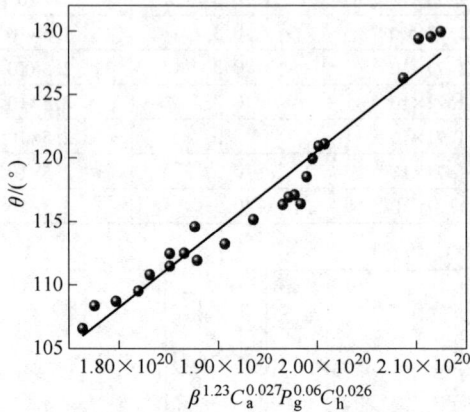

图 3-47　θ 和 $\beta^{1.23}C_a^{0.027}P_g^{0.06}C_h^{0.026}$ 之间的线性关系

将统计热力学温度 β 换算为热力学温度后，即可得到润湿角 θ 与反应条件之间的经验公式：

$$\theta = 8.08 \times 10^9 T^{-1.23}C_a^{0.027}P_g^{0.06}C_h^{-0.026} \tag{3-51}$$

4 高硫渣中硫的回收

前面对高硫渣加压浸出体系中单质硫黄和其他组分在不同温度、酸度、氧分压和添加剂含量条件下润湿角变化规律进行了研究，并对硫黄和其他矿相润湿角变化规律进行因次分析，通过数学拟合，得到了一般规律性方程。在此基础上，探究了不同分离回收方法对硫回收效果的影响，并对分离前后的渣相进行了分析，最后考察了不同回收方法对硫黄效果的影响。

4.1 正癸烷回收硫黄

现有的溶硫试剂主要是以硫化铵和硫化钠为主的无机溶剂和以四氯化碳、甲苯、煤油为主的有机溶剂。无机溶剂因为在进行溶硫时有价金属会一同进入溶液造成损失，使得有机溶剂逐步成为研究重点。目前报道的有机溶剂普遍存在经济成本高、毒性大、载硫能力差、挥发性强、沸点低、闪点低等缺点，为解决这些问题，经过前期文献调研发现直链烷烃具备较好的兼容性。本次首先按照第2章相关实验要求测定了单质硫在正癸烷、十二烷和轻质液体石蜡中的溶解度结果，如图4-1所示。

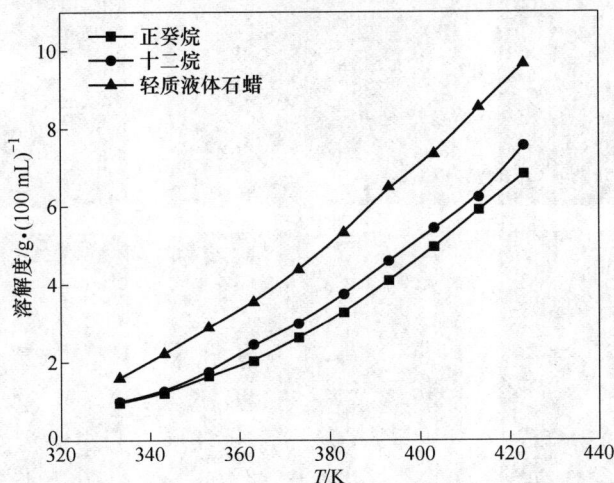

图 4-1 单质硫在正癸烷、十二烷、轻质液体石蜡中的溶解度曲线

图4-1清楚地表明了单质硫在三种溶剂中的溶解度随温度的变化关系，在同一温度下，单质硫在轻质液体石蜡中的溶解度最大，在十二烷中的溶解度次之，在正癸烷中的溶解度最小。这说明在同一温度下，直链烷烃的碳链长度越长，溶

解度越大。对于同一种溶剂，硫的溶解度随温度的升高而增大，这符合溶解度的一般规律特征。从溶解度数据看轻质液体石蜡是较优的，但对溶剂的选择不应仅局限于溶解度的大小，还要考虑在进行硫回收时的回收率和品质。因此实验探究了蒸发结晶和降温结晶两种硫回收方式对单质硫一次回收率和品质的影响。

具体操作为：先量取 100 mL 溶剂倒入锥形瓶，加入 4.00 g 硫黄加热至 150 ℃，完全溶解后得到载硫溶剂。蒸发结晶时把载硫溶剂升温至略低于沸点温度，当蒸发快结束时降温至 130 ℃ 直至蒸发完成，把结晶出的单质硫转移至表面皿置于 85 ℃ 鼓风干燥箱中烘干；降温结晶时把载硫溶剂取出放置在活水或冰水中降温，其间使用玻璃棒搅拌加速降温，待温度平衡后进行液固分离，得到单质硫和一次循环液，实验结果如图 4-2 和表 4-1 所示。

图 4-2　蒸发结晶和降温结晶对硫黄品质的影响
（a）轻质液体石蜡；（b）十二烷；（c）正癸烷

表 4-1 降温结晶对硫黄的一次回收率的影响

降温介质	溶剂	结晶量/g	一次回收率/%
活水（20 ℃）	正癸烷	2.97	74.25
	十二烷	3.23	80.75
	轻质液体石蜡	2.16	65.25
冰水（0 ℃）	正癸烷	3.43	85.75
	十二烷	3.36	84.00
	轻质液体石蜡	3.37	84.25

结合图 4-2 发现，蒸发结晶条件下，轻质液体石蜡所得到的单质硫颜色较黑，十二烷得到的单质硫颜色次之，正癸烷所得到的单质硫才呈现块状单质硫该有的淡黄色，因此若采用蒸发的方法进行单质硫回收时，虽然十二烷和轻质液体石蜡的溶解度较高，但因回收单质硫的品质较差，依旧不是首选。对于降温结晶方法得到的粉状单质硫，从外观上并未有较大的区别。从回收率角度看，蒸发结晶时单质硫的沸点远大于溶剂的沸点，因此回收率接近 100%。但降温结晶时，不同的结晶温度影响着溶解度的大小，结合表 4-1 可以发现，当结晶温度较高时，十二烷具备较高的回收率；当降低结晶温度至 0 ℃时，三者的回收率相近，均在 85%上下。后续对残渣中的有机物进行检测，发现无论采用哪种有机溶剂，浸出残渣中均未检测到有机物残留。

从上述分析发现，若采用蒸发回收，仅有正癸烷可以作为提硫试剂，若采用降温回收，三者均可作为提硫试剂。除了以上的两大影响条件外，还分析了三种溶剂的理化性质，结果见表 4-2。若采用降温结晶回收单质硫，就要考虑液固分离过程中溶剂的黏度问题，从理化性质上看，黏度随碳链长度增加而增大，且轻质液体石蜡的熔点较高，为提高硫回收率就要明显降低结晶温度，轻质液体石蜡不是首选。结合单质硫的黏度性质，初熔时硫的黏度随温度升高而下降，当温度超过 159 ℃后，黏度随温度升高而急剧增大。当继续提高温度达 190 ℃时，硫的黏度达到极大值（93 Pa·s），当温度超过 190 ℃后，黏度又恢复到初时的特征，在 130~160 ℃时黏度最小。因此溶硫实验温度不会过高，三种溶剂沸点均可满足。对于闪点温度，通常闪点温度在 23 ℃以上的均为高闪点溶剂，三种溶剂闪点均可满足。

表 4-2 三种有机溶剂的部分理化性质数据

名称	正癸烷	十二烷	轻质液体石蜡
熔点/℃	−29.7	−9.6	−5~10
沸点/℃	174.1	215~217	235~270

名称	正癸烷	十二烷	轻质液体石蜡
闪点/℃	46.1	73.9	70~132
密度/g·cm⁻³	0.735	0.753	0.75~0.83
黏度 (20 ℃)/mPa·s	0.92	1.41	5~46

综上所述，实验温度应控制在 150 ℃以下，这有利于使单质硫保持较好的流动性并有助于生产过程中液硫的输送，同时也降低了输送的功率消耗。正癸烷作为提硫试剂虽然载硫能力有限，但其可同时兼容硫收率、品质、熔点、沸点、闪点、黏度、安全性等多种条件，因此本实验选用正癸烷作为提硫溶剂。

4.1.1　正癸烷溶解硫黄的机理分析

现有研究者测定了硫黄在不同有机溶剂中的溶解度并进行了数据拟合，多数研究的模型拟合所采用的数据模型主要包括三种：理想溶液模型（SEIS）、Apelblat 模型和经验模型。

理想溶液模型是一种广义的溶解度方程，是利用热力学固液相平衡推导出来的，其简化方程为：

$$\ln(\gamma x) = \frac{\Delta H_m}{R}\left(\frac{1}{T_m} - \frac{1}{T}\right) \tag{4-1}$$

式中，γ 为溶质活度系数；ΔH_m 为溶质熔化焓，J/mol；T_m 为溶质的熔点，K；R 为气体常数，J/(mol·K)。

由于在远离临界区域的有限温度范围内，真实溶液中组分的活度因子 γ 对温度的依赖程度较小。假设溶液为理想溶液，即 $\gamma = 1$，在一定温度和溶解度范围内式 (4-1) 可写为：

$$\ln x = a + b/T \tag{4-2}$$

Apelblat 模型是假设溶剂分子和溶质分子在络合的前提下由 Clausius-Clapeyron 方程推出的，模型方程为：

$$\ln x = a + b/T + c\ln T \tag{4-3}$$

经验模型又称为多项式模型，是出于工业应用的目的，在假设溶解度随温度连续变化的条件下采用了多项式拟合的方法来说明溶解度和温度的关系，二项式模型可写成以下形式：

$$x = aT^2 + bT + c \tag{4-4}$$

式 (4-1)~式 (4-4) 中，x 为溶质摩尔分数；a，b，c 为无量纲常数；T 为温度，K。

三种模型数据均对应不同的溶解原理，因此可以从数据的拟合程度说明溶质和溶剂的结合状态。分别使用理想溶液模型（SEIS）、Apelblat 模型和经验模型对溶解度数据进行关联，得到的模型参数、模型计算值、相对偏差及相关系数等数值见表 4-3。

表 4-3　单质硫在正癸烷中的溶解度及其关联

T/K	S_{exp} /g·$(100\ mL)^{-1}$	x_{exp}	理想溶液模型		Apelblat 模型		经验模型	
			x_{cal}	RD/%	x_{cal}	RD/%	x_{cal}	RD/%
323.15	0.789	0.0458	0.0474	3.46	0.0402	12.182	0.0406	11.2
333.15	0.956	0.0549	0.0600	9.15	0.0542	1.3154	0.0549	0.04
343.15	1.201	0.0680	0.0749	10.03	0.0711	4.4652	0.0717	5.41
353.15	1.645	0.0909	0.0923	1.55	0.0909	0.0214	0.0911	0.22
363.15	2.031	0.1099	0.1126	2.41	0.1136	3.3606	0.1131	2.88
373.15	2.632	0.1379	0.1358	1.59	0.1391	0.8016	0.1376	0.25
383.15	3.275	0.1661	0.1621	2.35	0.1670	0.5767	0.1647	0.82
393.15	4.099	0.1995	0.1919	3.79	0.1971	1.1765	0.1943	2.59
403.15	4.958	0.2316	0.2253	2.74	0.2291	1.0969	0.2265	2.19
413.15	5.907	0.2642	0.2624	0.70	0.2624	0.7124	0.2613	1.1
423.15	6.836	0.2936	0.3034	3.35	0.2965	0.9914	0.2987	1.73
$F/\%$			3.7381		2.4274		2.5845	
参数			$a=4.80956$ $b=-2539.83355$ $R^2=0.99554$		$a=88.25994$ $b=-7155.94921$ $c=-11.99864$ $R^2=0.99865$		$a=1.28235\times10^{-5}$ $b=-0.00699$ $c=0.96036$ $R^2=0.99778$	

注：x_{exp} 表示实验结果；x_{cal} 表示模型计算结果。

从表 4-3 中可以看出，三种模型都能很好地关联正癸烷中单质硫的溶解度与温度的关系，相关系数 R^2 均在 0.99500 以上，模型关联的效果均令人满意。但是在低温时，三种模型的相关系数均较大，这可能是由于在低温下溶解度较低实验误差较大造成的。相对而言，Apelblat 模型关联的效果最好，平均相对误差仅有 2.42%，小于 5% 的误差范围。这说明 Apelblat 模型所做的溶质分子和溶剂分子形成络合物的假设对于正癸烷体系是合理的。最终得到的 Apelblat 模型拟合曲线（图 4-3）：

$$\ln x = 88.25994 - 7155.94921/T - 11.99864\ln T \tag{4-5}$$

为进一步明晰正癸烷对硫的作用机理，使用原位傅里叶变换红外光谱（FTIR）对正癸烷载硫过程进行了分析。实验分析了不同温度下正癸烷的红外光谱特征结果，如图 4-4 和图 4-5 所示。

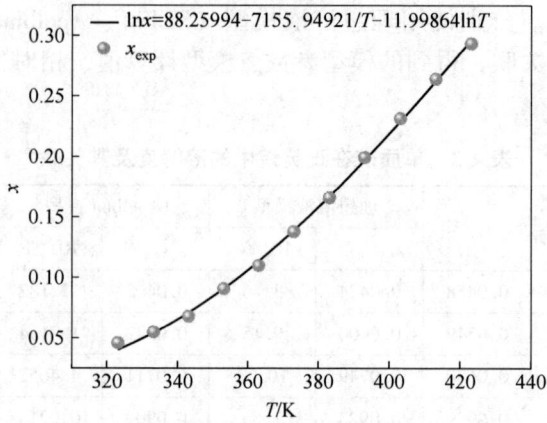

图 4-3　Apelblat 方程的溶解度拟合曲线

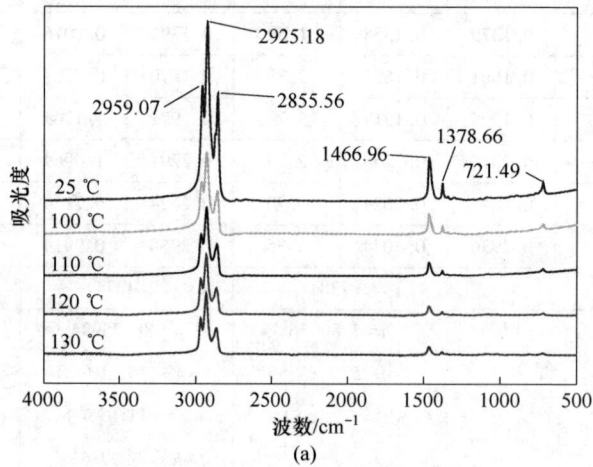

(a)

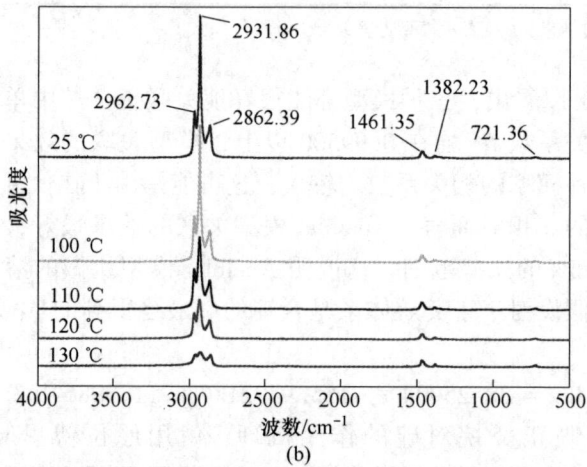

(b)

图 4-4　正癸烷在不同温度下的红外光谱图

（a）载硫前；（b）载硫后

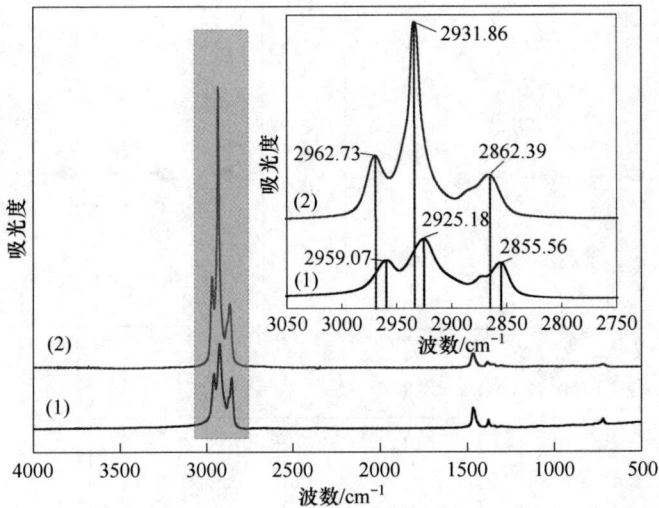

图 4-5　25 ℃正癸烷的红外光谱图
（1）载硫前；（2）载硫后

图 4-4 中 2960 cm^{-1} 附近是由于饱和烷烃的 CH$_3$ 分子反对称伸缩振动引起的，2925 cm^{-1} 和 2855 cm^{-1} 附近处是由于饱和烷烃中 CH$_2$ 的反对称和对称伸缩振动。1467 cm^{-1} 是 CH$_2$ 的弯曲振动，1379 cm^{-1} 是 CH$_3$ 的对称弯曲振动，721 cm^{-1} 是 CH$_2$ 的面内摇摆振动。随着温度的升高，特征峰频率并未偏移，但峰高降低，这是因为测试过程是连续的，随温度逐步升高，正癸烷挥发增强，正癸烷含量下降。图 4-5 所示为在 25 ℃条件下正癸烷载硫前后的红外光谱图，从图中可以看出，载硫后正癸烷在 2800～3000 cm^{-1} 峰位置发生了少量偏移，红移 3～6 cm^{-1}。这是由于在溶解硫后，虽然 S 的性质与 O 相似，具有较强的电负性，会影响 CH$_3$ 和 CH$_2$ 旁边的电子云重新分布，降低了 C—H 的键能，但是由于 S 中的 p 电子与 C—H 的 σ 键形成了 σ-p 超共轭效应，使 C—H 键键级增强，超共轭效应占主导地位，导致 C—H 键的振动频率升高。虽然硫使正癸烷发生了红移，但并未检测到 C—S 键和 S—H 键，故可以确定硫在正癸烷中是以络合形式存在，也验证了溶解度模型的可靠性。

4.1.2　正癸烷提硫条件性实验

对浸出渣进行工艺矿物学分析时发现，渣中含有部分水溶性的硫酸盐，结合单质硫和其他矿物的包裹特征，为提高硫的提取率，应对浸出渣进行洗涤以释放出被包裹的硫。实验探究了不同反应温度、酸度和液固比对浸出渣洗脱率的影响，结果如图 4-6 所示。

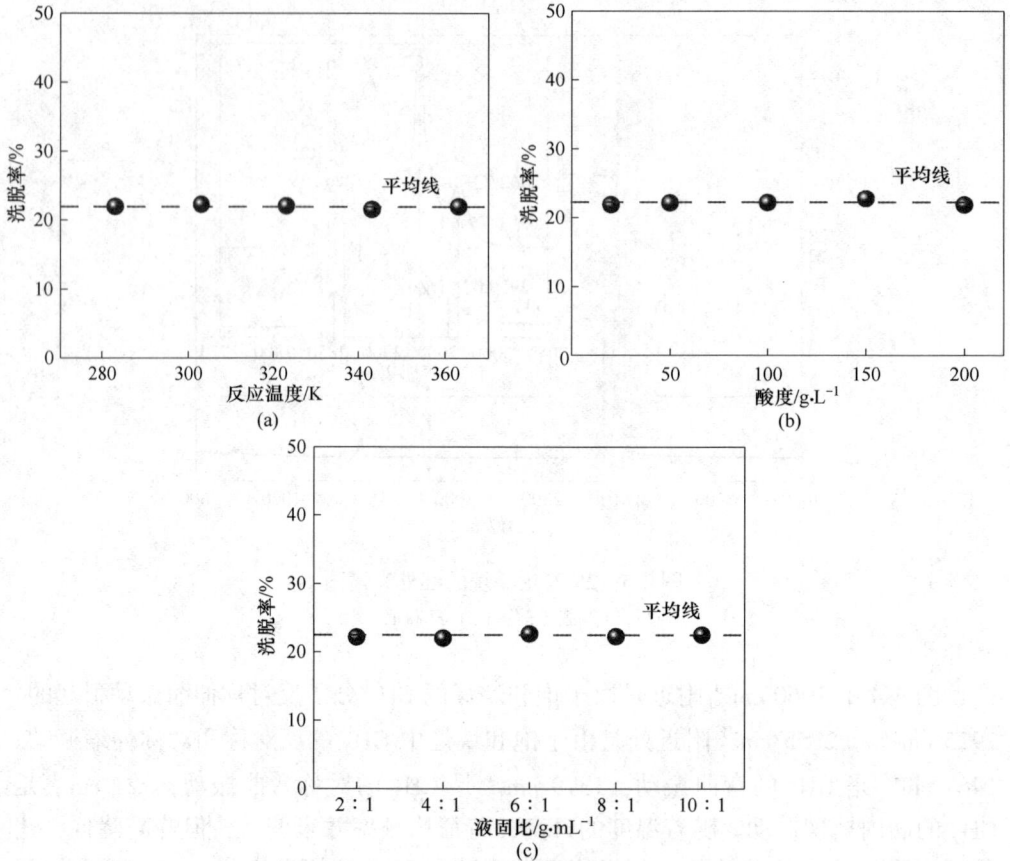

图 4-6　不同条件对浸出渣洗脱率的影响

（a）反应温度；（b）酸度；（c）液固比

由图 4-6 可知，反应温度、酸度、液固比对浸出渣的洗脱效果不明显，其洗脱率均在 22% 左右。对 30 ℃、液固比 4∶1 mg/L 水洗实验的滤液进行蒸发结晶，对结晶物进行物相分析，结果如图 4-7 所示。从图中可以看出结晶产物主要为 $ZnSO_4$、$MgSO_4$、$CuSO_4$ 等硫酸盐矿物。洗脱率不受条件影响的主要原因，一方面是因为被洗脱物质只要为水溶性的硫酸盐，酸度等条件的改变并不会增大其洗脱效果；另一方面是浸出渣中的主相为硫酸铁，其在酸性和中性条件下会形成胶体，不易被洗脱。

对水洗渣烘干后按照第 2 章的相关实验要求重新破碎、研磨后得到去除水溶性物质的提硫实验渣，使用 GB/T 2449.1—2021 方法测定单质硫的含量，含硫量为 35.75%。

4.1.2.1　反应温度对硫提取率的影响

反应温度的高低影响着单质硫在正癸烷中的溶解度大小，是实验中影响最为显著的因素。在液固比为 10∶1 mL/g、反应时间为 10 min、搅拌速度为 300 r/min 条件下探究了反应温度对硫提取率的影响，结果如图 4-8 所示。

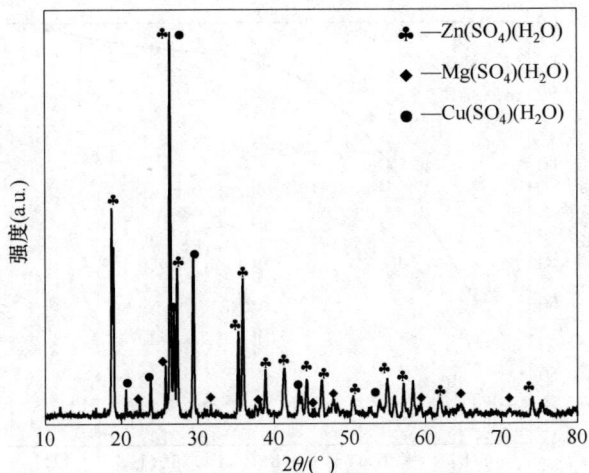

图 4-7 洗脱产物的 XRD 图谱

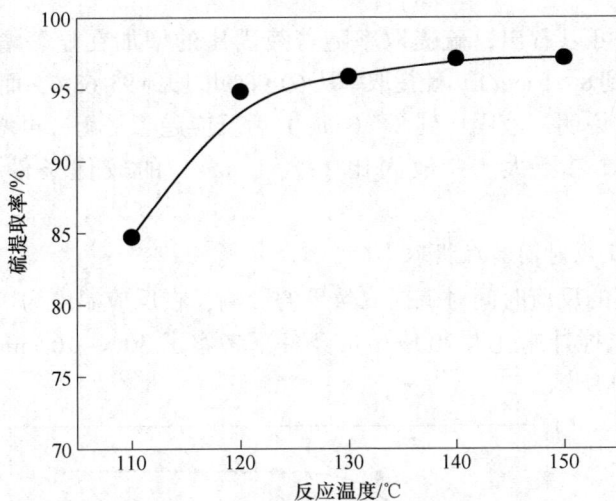

图 4-8 反应温度对硫提取率的影响

由图 4-8 可知，单质硫的提取率随反应温度的升高在逐步增大，反应温度从 110 ℃ 升高到 120 ℃，硫提取率从 84.74% 提高到 94.84%，在 130 ℃ 时趋于稳定。再提高反应温度对硫提取率的影响不明显，说明此时反应已经达到了平衡。130 ℃ 时，硫提取率已经达到了 95.87%。再升高反应温度，硫提取率增速有限，且温度越高，正癸烷挥发越明显，为降低溶剂损耗和操作安全性，综合考虑认为较优的温度条件为 130 ℃。

4.1.2.2 液固比对硫提取率的影响

在反应温度为 130 ℃、反应时间为 10 min、搅拌速度为 300 r/min 条件下，探究了不同的液固比对硫提取率的影响结果，如图 4-9 所示。

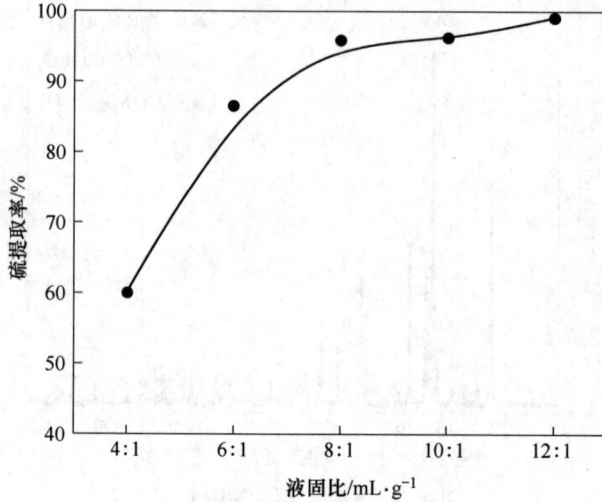

图 4-9　液固比对硫提取率的影响

从图 4-9 中可以看出,硫提取率随着液固比的增加在显著增大,液固比从 4:1 mg/L 增加到 8:1 mg/L,硫提取率从 60.06% 增加到 95.68%,而后在 8:1 mg/L 后趋于稳定。这说明当液固比到 8:1 mg/L 后反应趋于平衡,再增加液固比对硫提取率的提升效果不大。在液固比 12:1 mg/L 的较优条件下,硫提取率为 99.15%。

4.1.2.3　反应时间对硫提取率的影响

为探究不同的反应时间对硫提取效果的影响,在反应温度为 130 ℃、液固比为 10:1 mL/g、搅拌速度为 300 r/min 条件下考察了 30 s~10 min 正癸烷提硫的效果,如图 4-10 所示。

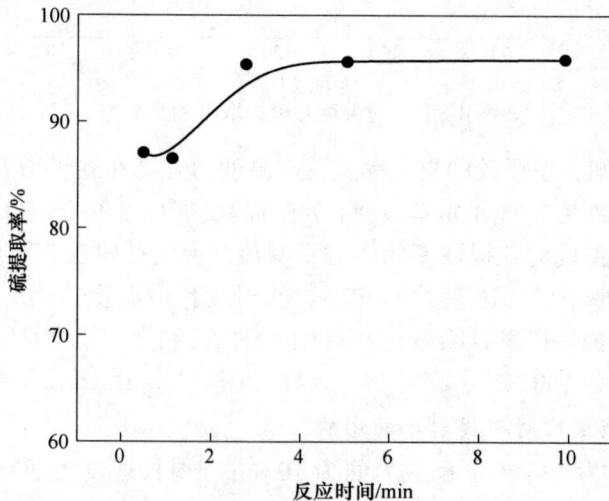

图 4-10　反应时间对硫提取率的影响

由图4-10可知，硫提取率随着反应时间的增加在显著增大，反应时间从30 s~3 min，硫的提取率从87.03%增加到95.62%，并在3 min后趋于稳定，再延长反应时间，对硫提取效果的影响并不明显。由此可以看出正癸烷提硫的反应速度较快，在反应30 s的时候就有较好的提取效果，在反应3 min后反应已基本完成。这是由于在130 ℃下单质硫处于熔融状态，和正癸烷直接液液接触导致反应速度较快。在较优条件10 min时，硫提取率为95.87%。

4.1.2.4 搅拌速度对硫提取率的影响

为探究不同的搅拌速度对硫提取效果的影响，在控制反应温度为130 ℃、液固比为10∶1 mL/g、反应时间为10 min条件下考察了不同搅拌速度下硫提取率结果，如图4-11所示。

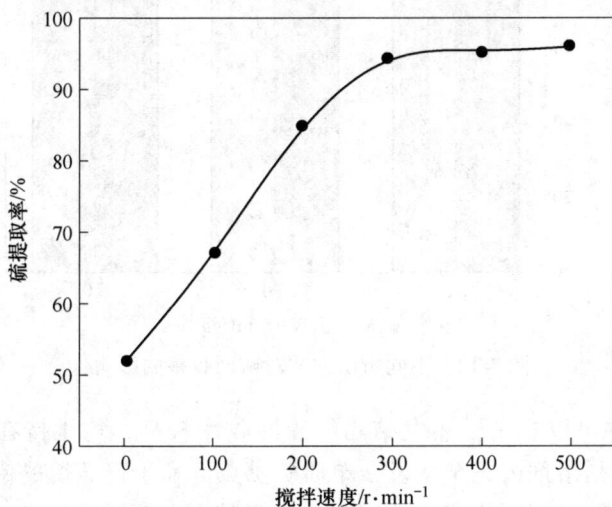

图4-11　搅拌速度对硫提取率的影响

由图4-11可以看出，搅拌速度对硫提取率具有显著的影响。随着搅拌速度的增加，硫提取率有显著上升，在无搅拌状态下，硫提取率仅有51.59%，在搅拌速度增加到300 r/min时，硫提取率达到95.96%，再增加搅拌速度对硫提取率影响不大。这是因为搅拌可以把熔融状态的硫打散，增加和正癸烷的接触面积，提高了硫提取率。因此，综合考虑浸出过程认为，为保证硫提取，搅拌速度应不低于300 r/min。

综上所述，使用正癸烷分离浸出渣的优化工艺条件为温度130 ℃、液固比12∶1 mL/g、反应时间10 min、搅拌速度300 r/min。在此最优的工艺条件下，浸出渣中硫提取率可达99.15%，很好地分离了浸出渣中的单质硫。

4.1.2.5 结晶方式对硫回收率的影响

正癸烷虽然可以很好地把单质硫从浸出渣中分离出来，但如何从载硫正癸烷中回收品质较高的单质硫还有待探讨，因此需要对单质硫的回收方式进行探究。实验探究了蒸发回收和降温回收两种回收方式对单质硫回收率的影响。具体操作步骤为：量取 100 mL 正癸烷倒入锥形瓶后并加入一定质量的单质硫，将锥形瓶放入油浴锅加热到 130 ℃，待单质硫全部溶解后得到载硫正癸烷。对载硫正癸烷分别蒸发结晶和降温结晶，对结晶硫的质量称重分析。不同回收方式对单质硫回收率的影响，如图 4-12 所示。

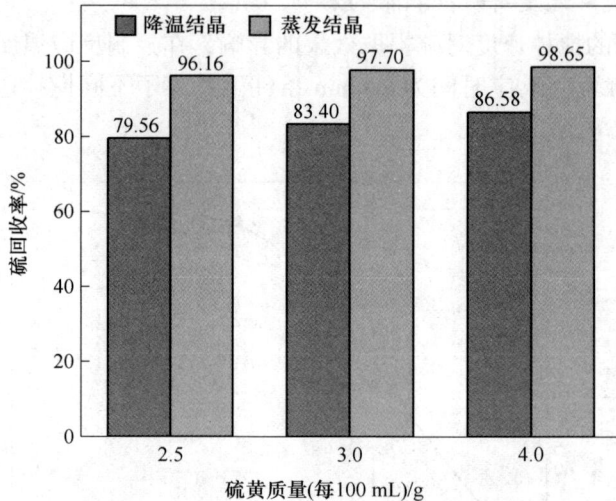

图 4-12   不同析出方式对硫回收率的影响

从图 4-12 中可以看出，蒸发结晶的硫回收率较高，均维持在 96%以上。这是因为蒸发回收是溶剂被完全蒸发，单质硫沸点远高于正癸烷的沸点，几乎不会被蒸发。而降温结晶硫回收率均低于 90%，且硫回收率随正癸烷中载硫量的增大而增加，其原因是由于降温结晶时的结晶终点温度不变，当载硫量增大时，更多的单质硫从正癸烷中析出，从而造成硫回收率提高。因此，在只进行一次浸出的前提下，仅从单质硫回收率指标看采用蒸发结晶是一种较优的回收方式。

虽然蒸发结晶能取得较高的单质硫回收率，但因为蒸发过程中要吸收大量的热，且又要对正癸烷蒸气进行回收利用，因此又同步对降温结晶的循环次数进行了实验，结果如图 4-13 所示。

由图 4-13 可知，单质硫的回收率随循环次数的增加而增大，一次硫回收率仅有 85%左右，在经过两次循环后，第三次的硫回收率可达 98%，之后再增加循环次数，硫回收率基本维持在 98%。由此可以判断，循环次数的增加可以显著提高单质硫的回收率。相较于蒸发结晶，降温结晶能耗更低，虽然循环次数的增加会损耗一部分载硫能力，但在循环利用方面降温结晶方式具备更大的竞争力。

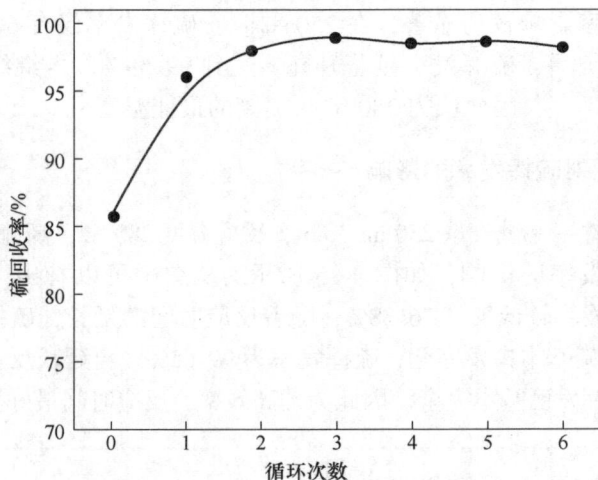

图 4-13　降温结晶循环次数对硫回收率的影响

4.2　常压蒸馏分离回收硫黄

　　虽然正癸烷分离回收高硫渣中的硫取得了较好的效果，但是有机溶剂依旧存在有毒、易爆、易燃、操作复杂等缺点，因此探究了不同回收方法的硫黄回收效果。蒸馏法分离高硫渣中的单质硫是利用了硫的沸点相对较低，在加热条件下会优先从高硫渣中挥发，对挥发后的硫蒸气进行冷凝，从而实现高硫渣中硫的高效分离。蒸馏所采用的设备，如图 4-14 所示。实验在管式炉中进行，使用氮气作为保护气体及运动介质。

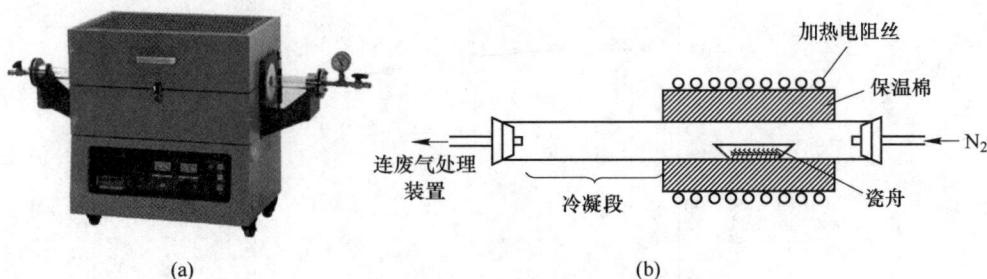

图 4-14　蒸馏设备及其示意图

（a）蒸馏设备；（b）蒸馏设备示意图

4.2.1　反应温度对硫挥发率的影响

　　控制实验条件——进气量 250 mL/min，反应时间 90 min，高硫渣质量 15.00 g，反应温度对硫挥发率的影响，如图 4-15（a）所示。从图 4-15（a）可以看出，反应温度对硫挥发率影响较为显著，在250 ℃时，硫挥发率仅有66.95%，当反应温度升高到280 ℃后，硫挥发率显著升高，达到99.59%。再继续升高反应温度对硫挥发率影响不大，因此认为280 ℃为蒸馏的最佳温度。

4.2.2 反应时间对硫挥发率的影响

控制实验条件——进气量250 mL/min，反应温度280 ℃，高硫渣质量15.00 g，保温时间对硫挥发率的影响，如图4-15所示。从图中可以看出，在反应时间为30 min时，硫挥发率较低仅有76.38%，随着反应时间的延长，硫挥发率在逐步升高，在90 min时硫基本挥发完全，硫挥发率为99.65%。再延长反应时间硫挥发率不再增加，硫的挥发已基本完全。因此为提高效率，反应时间最好控制在90 min。

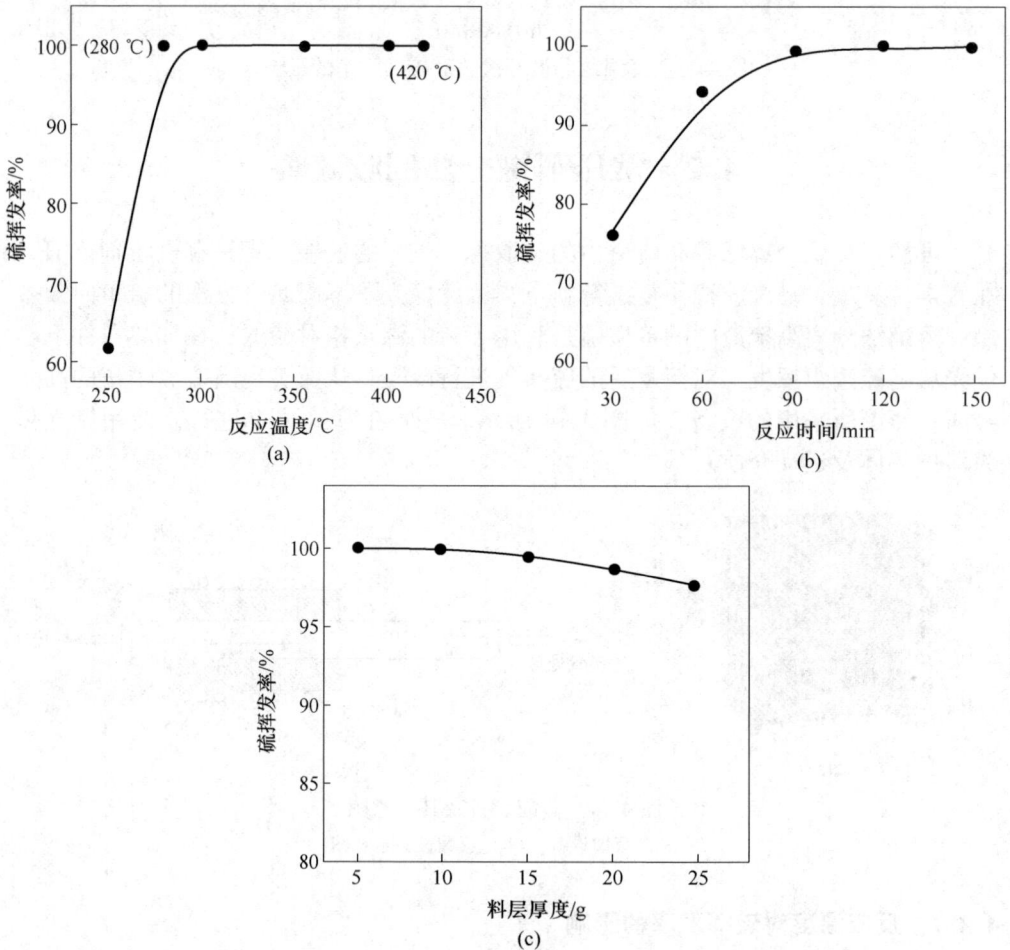

图4-15 条件因素对硫挥发率的影响
(a) 反应温度；(b) 反应时间；(c) 料层厚度

4.2.3 料层厚度对硫挥发率的影响

鉴于实验过程中所使用的瓷舟规格一致，且高硫渣原料的密度不变，即使用高硫渣的质量表示料层厚度。控制实验条件——进气量 250 mL/min，反应温度 280 ℃，反应时间 90 min，料层厚度对硫挥发率的影响，如图 4-15(c) 所示。硫挥发率随高硫渣质量的增加在缓慢降低，尽管高硫渣质量已经增加到 25.00 g（约 2 cm 厚），但硫挥发率还为 97.63%，这说明料层厚度对硫挥发率影响不大。

4.3 真空蒸馏分离回收硫黄

在使用蒸馏法分离高硫渣中的单质硫时，为实现较优的蒸馏效果，需控制较高的蒸馏温度，因为硫黄在高温下属于易燃易爆的危险品，必须在惰性气体的保护下进行。为了提高蒸馏过程的安全性，应降低蒸馏温度，但降低蒸馏温度又不能很好地实现分离，因此考虑降低硫黄的沸点，以实现控温的过程。探索实验结果表明，安全的温度应小于 240 ℃，因此采用真空蒸馏的方法降低硫黄的沸点，以实现低温下的分离。

Peng 等人发现硫黄的饱和蒸气压与温度的关系在 393.15~598.15 K 下遵循式 (4-6)，温度与饱和蒸气压的关系见表 4-4。从表 4-4 可以发现，当压强降至 1274 Pa 时，硫黄的沸点仅有 240 ℃，因此降低压强可以显著降低硫黄的沸点，实现硫黄的低温分离。

$$\lg p = 16.83213 - 0.0062238(T/K) - 5405.1(K/T) \tag{4-6}$$

表 4-4 硫黄饱和蒸气压和温度的关系

沸点/℃	K	$\lg p$	p/Pa
120	393.15	0.64	4
130	403.15	0.92	8
140	413.15	1.18	15
150	423.15	1.43	27
160	433.15	1.66	45
170	443.15	1.88	75
180	453.15	2.08	121
190	463.15	2.28	190
200	473.15	2.46	291
210	483.15	2.64	434

沸点/℃	K	lgp	p/Pa
220	493.15	2.80	635
230	503.15	2.96	908
240	513.15	3.11	1274
250	523.15	3.24	1755
260	533.15	3.38	2376
270	543.15	3.50	3164
280	553.15	3.62	4149
290	563.15	3.73	5361
300	573.15	3.83	6830

实验所采用的设备为真空管式炉，如图 4-16 所示。

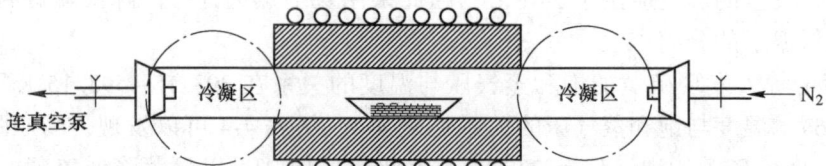

图 4-16　真空蒸馏分离设备示意图

4.3.1　残压对硫挥发率的影响

控制条件：反应温度 200 ℃、反应时间 90 min、高硫渣质量 15.00 g，考察了残压对硫挥发效果的影响，结果如图 4-17(a) 所示。从图中可以看出，当残压小于 600 Pa 时，硫挥发率都较高，均能维持在 90%以上；当残压超过 600 Pa 后，硫挥发率急剧下降，仅有 45%左右。实验结果与表 4-4 中的数据结果基本吻合。因此在此温度下，为了获得较好的分离效果，残压应尽量低于此温度下的饱和蒸气压。

4.3.2　反应温度对硫挥发率的影响

为了明晰分离的最低温度，在残压小于 50 Pa、反应时间 90 min、高硫渣质量 15.00 g 的条件下，考察了反应温度对硫挥发效果的影响，结果如图 4-17(b) 所示。从图中可以看出，当残压较低时，反应温度成为硫挥发效果的主要影响因素，随着反应温度的增加，硫挥发率显著提高。反应温度从 150 ℃提高到 180 ℃时，硫挥发率从 30%急速升高到 98%，再升高反应温度，硫挥发率基本不变，说明当环境接近真空时，最低的蒸馏温度为 180 ℃。

4.3.3　反应时间对硫挥发率的影响

　　控制条件：反应温度 200 ℃、残压小于 50 Pa、高硫渣质量 15.00 g，考察了反应时间对硫挥发效果的影响，结果如图 4-17(c) 所示。从图中可以看出，反应时间对硫挥发率的影响较大，基本上在 90 min 以前呈正相关性，当 90 min 时达到稳定。相较于常压蒸馏，真空蒸馏法需要较长时间才能有较好的硫去除效果，这主要是因为真空蒸馏的速率取决于冷凝区的温度，当冷凝温度较高时，气态硫不能及时转变为固态，造成管内气压升高，硫的挥发减缓，若想缩短反应时间，应尽可能降低冷凝区的冷凝温度。

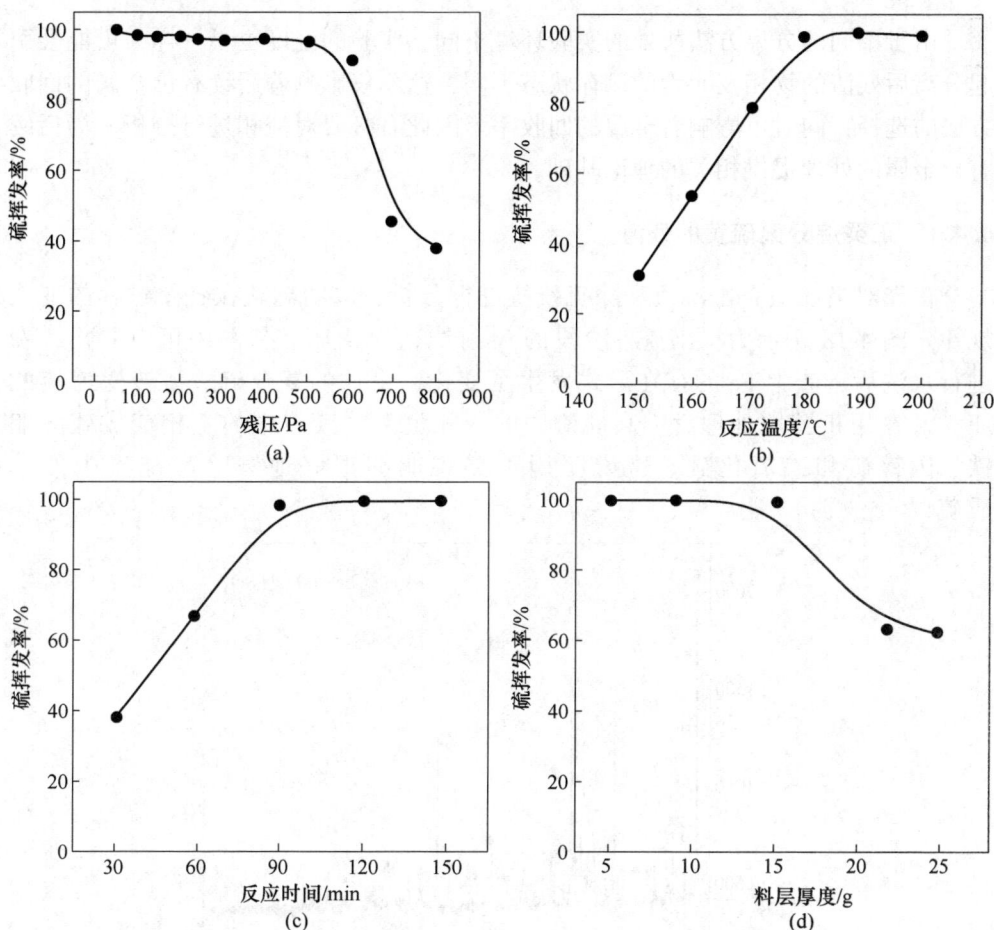

图 4-17　条件因素对硫挥发率的影响

(a) 残压；(b) 反应温度；(c) 反应时间；(d) 料层厚度

4.3.4　料层厚度对硫挥发率的影响

　　鉴于实验过程中所使用的瓷舟规格一致，且高硫渣原料的密度不变，即使用高硫渣的质量表示料层厚度。控制实验条件——反应温度 200 ℃、残压小于 50 Pa、反应时间 90 min，考察料层厚度对硫挥发率的影响，如图 4-17(d) 所示。从图中可以看出，硫挥发率在高硫渣质量小于 15.00 g（约 1.3 cm）时均较高，当料层厚度大于 1.3 cm 后，硫挥发率减低明显，为实现硫的高效分离，料层厚度不易过厚，应低于 1.3 cm。

4.4　不同分离方法除硫后的残渣分析

　　由于不同的分离方法所处的实验环境不同，实验的温度也不一样，可能会引起分离后残渣的物相及元素的赋存状态不同，这不仅影响着后续有价金属的回收方法的选择，同时也影响着金属的回收率。因此有必要对渣相进行分析，为后续有价金属的处理提供相关的理论基础。

4.4.1　正癸烷分离硫黄的残渣

　　首先对高硫渣、水洗渣和除硫残渣进行分析，以明确硫在各个过程的变化规律。图 4-18 所示为浸出渣各阶段的 X 射线衍射谱图，从图中可以看出，在进行水洗后，渣中 Fe 的存在形式发生了变化，由铁的复合硫酸盐转变为硫酸亚铁。在用正癸烷处理后，高硫渣中的 S 相消失，残渣中的主相变成硫酸亚铁、闪锌矿和二氧化硅。这说明用正癸烷能够很好地去除高硫渣中的单质硫。

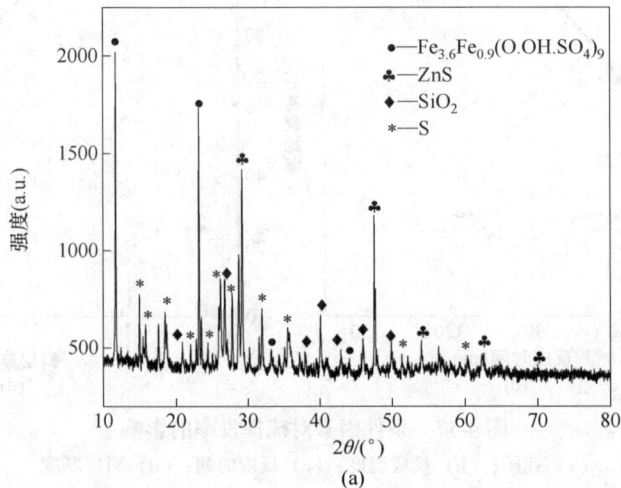

(a)

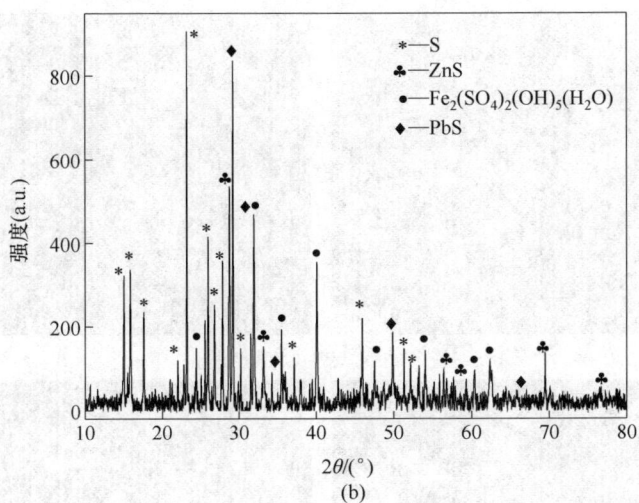

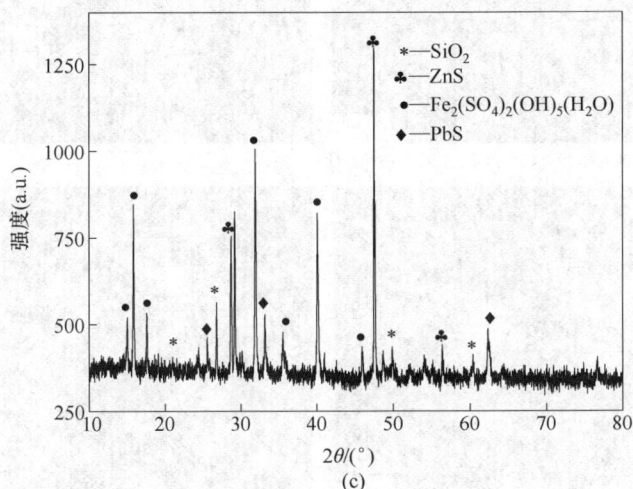

图 4-18　浸出渣各阶段的 XRD 图
（a）原料；（b）水洗渣；（c）脱硫渣

　　图 4-19 所示为高硫渣、水洗渣和除硫残渣的 SEM 图，结果表明，高硫渣和水洗渣的颗粒大小分布不均匀，从图 4-19（a）和图 4-19（b）可以看出，高硫渣和水洗渣中的颗粒形貌主要以不规则的块状分布，且颗粒没有明显的棱角，且在颗粒表面有大量微小附着物。这是因为硫在锌浸出完成后，由于液态硫和水的表面张力不同且不互溶，易形成圆角颗粒。但对于图 4-19（c），除硫残渣主要是以块状颗粒和片层状的颗粒为主。这是由于除硫后的残渣中的脆性矿物居多，研磨中易形成明显断痕的颗粒。

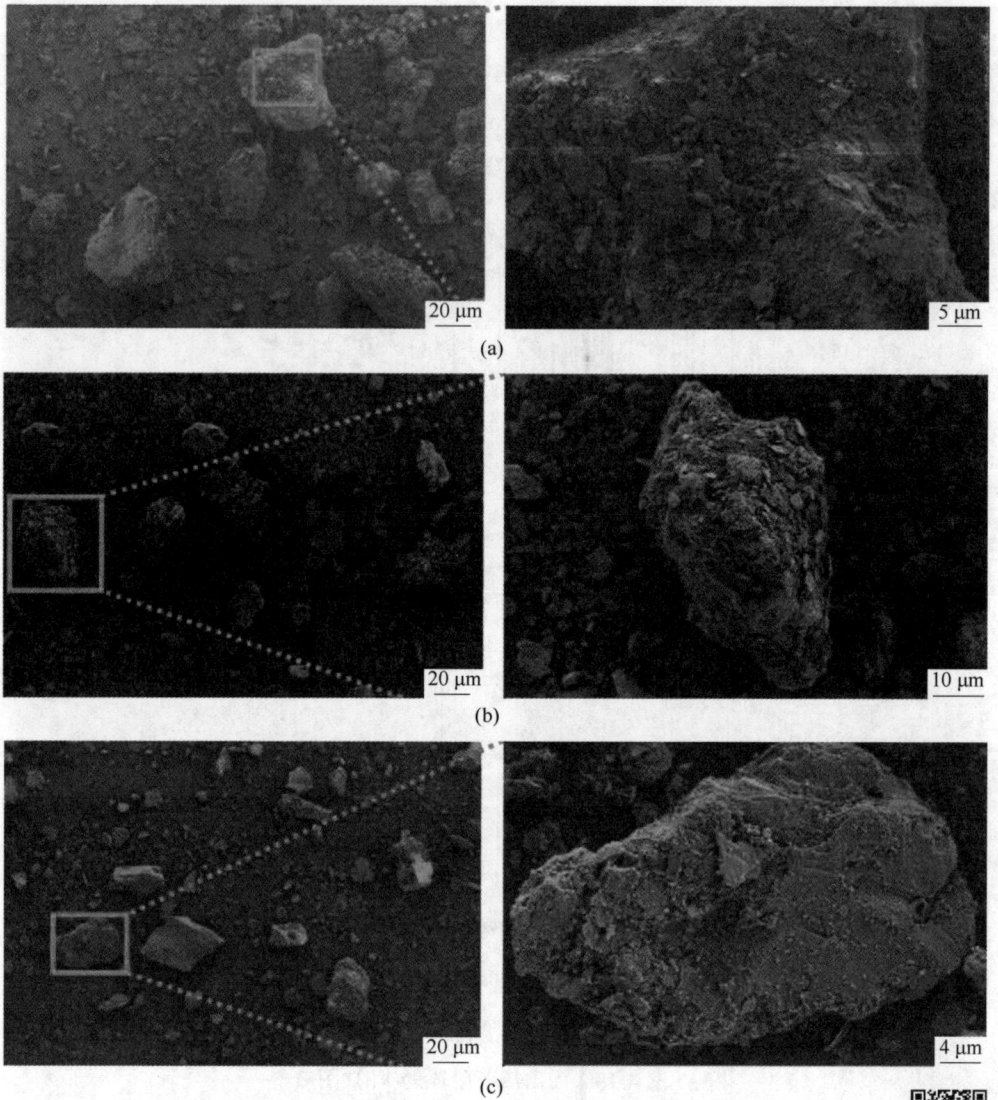

图 4-19　高硫渣各阶段的 SEM 图
(a) 高硫渣；(b) 水洗渣；(c) 除硫残渣

图 4-20 所示为水洗渣和除硫残渣的 SEM-EDS 图，结果表明，经水洗后 S 和 Fe 成为主相，均匀分布在渣中，Si、Ca、Mg 等脉石零星分布。提硫后，渣中的 Si、Ca 分布更均衡，结合浸出渣各阶段的 XRD 图可知铁的硫酸盐成为主相。

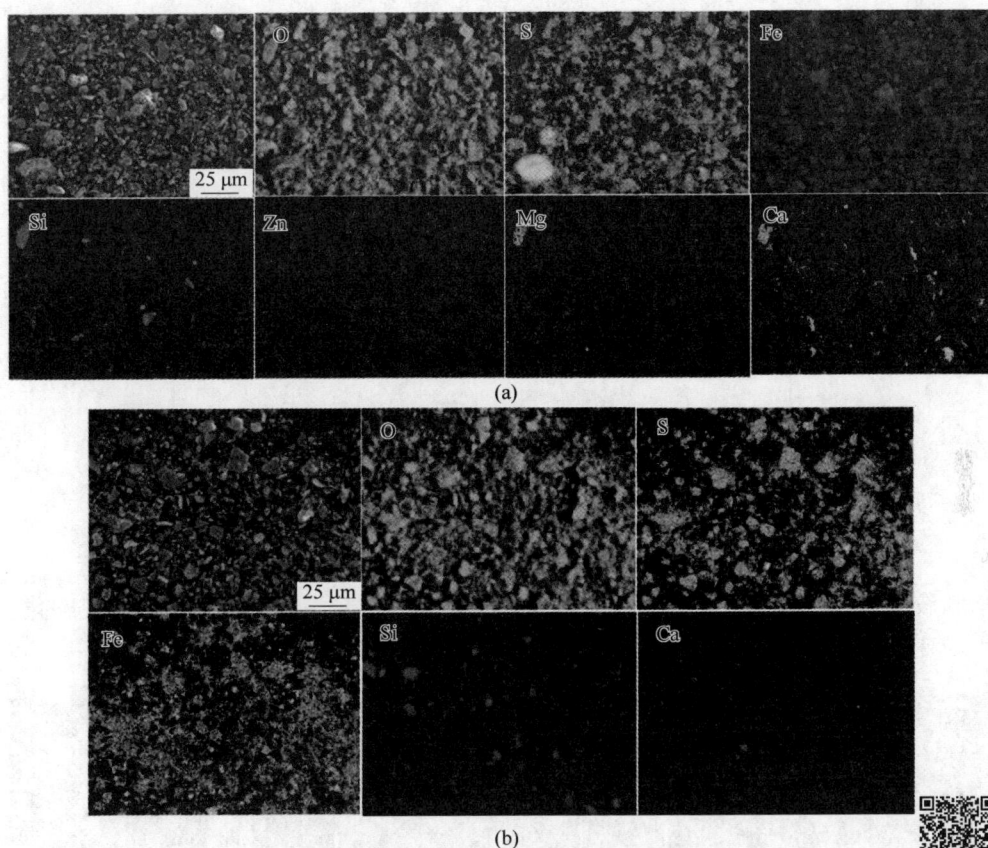

图 4-20　高硫渣各阶段的 SEM-EDS 图
（a）水洗渣；（b）除硫残渣

扫一扫看
更清楚

4.4.2　常压蒸馏分离硫黄的残渣

　　对高硫渣进行蒸馏焙烧后进行 X 射线衍射光谱分析，如图 4-21 所示。从 XRD 图中可以发现，焙烧渣的主相为闪锌矿和黄铁矿，其次还检测到了二氧化硅的峰。从 280 ℃升高到 420 ℃，物相并未变化，这进一步说明了残渣中的物质较为稳定，在此温度区间内不易分解。在温度为 250 ℃时，由于硫挥发率仅有 60%左右，因此在此温度下还检测到单质硫的峰，说明残渣中的硫并未被完全去除。同样的，在 30 min 条件下由于硫挥发率较低，也检测到了相关的单质硫。相较于此，料层厚度实验中硫挥发率普遍在 98%以上，焙烧渣中的单质硫含量较低，检测时并未测到单质硫的衍射峰。

　　对焙烧渣的分析不仅限于 XRD 图，还对其焙烧渣的形貌和元素分布进行了分析，结果如图 4-22 所示。从图中可以看出，在温度为 250 ℃时，残渣颗粒的

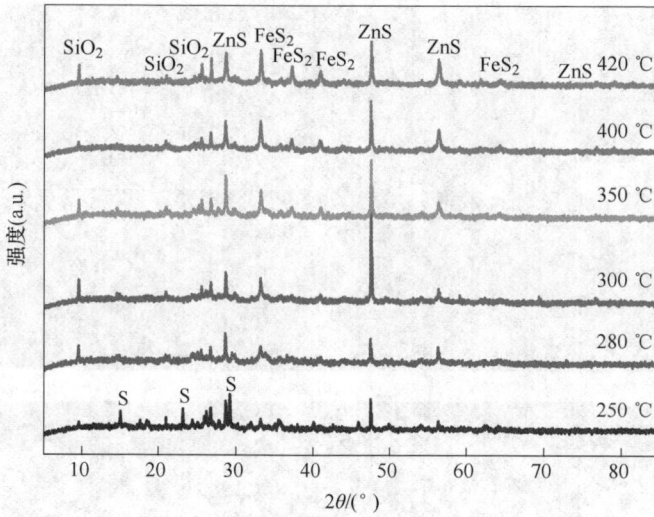

图 4-21　不同温度下蒸馏后残渣的 XRD 图

形状较为规则，棱角比较分明，随着反应温度的升高，残渣颗粒开始出现融化，颗粒变得圆滑且粘连在一起，细小颗粒附着于大颗粒上熔融长大。

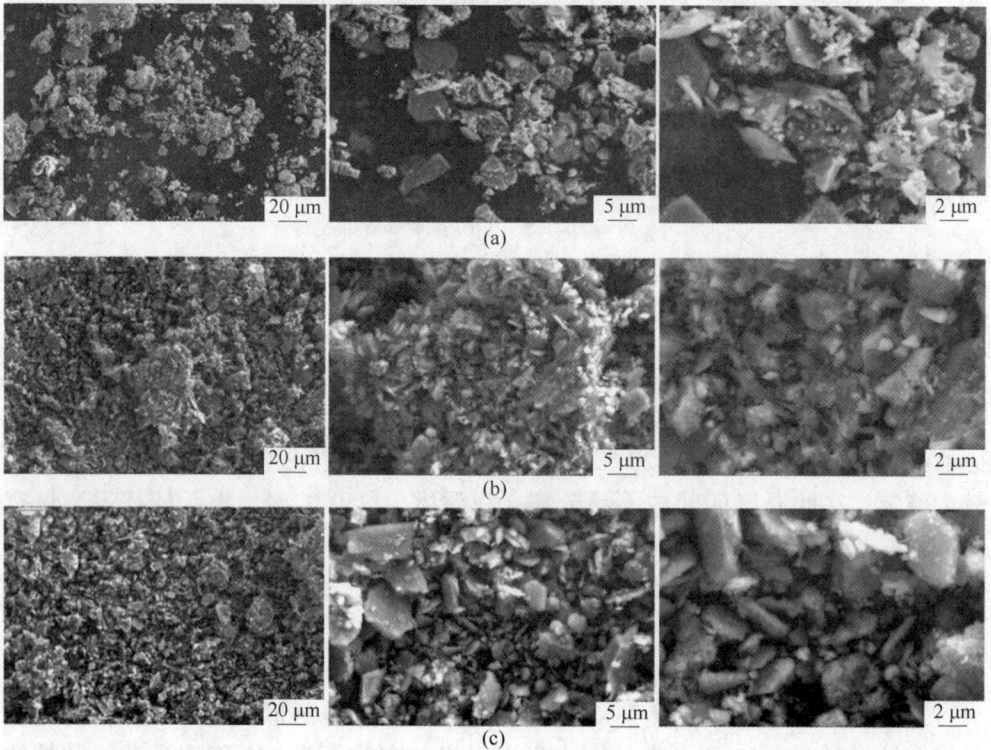

图 4-22　不同温度下蒸馏后残渣的 SEM 图

(a) 250 ℃；(b) 280 ℃；(c) 300 ℃；(d) 350 ℃；(e) 420 ℃

　　蒸馏残渣的元素分布，如图 4-23 所示，从图中可以看出，高硫渣原料中主要的元素 O、Fe、S 均匀分布，其中 S 不仅分布于渣中，还和 O 元素有重合分

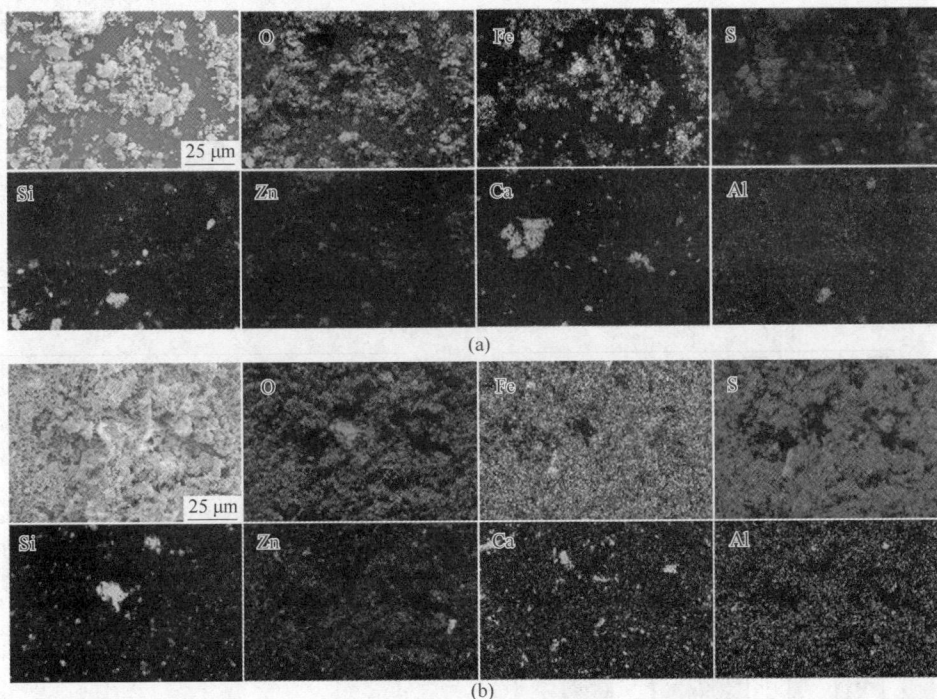

图 4-23　蒸馏后残渣的 SEM-EDS 图

(a) 250 ℃；(b) 420 ℃

布，说明原料中的 S 除以单质形式存在外，还以硫酸盐的形式存在，结合不同温度下蒸馏后残渣的 XRD 图结果分析，硫酸盐主要是硫酸铁，除此之外还有硫酸锌、硫酸钙等。在经蒸馏后，单质硫挥发后，其他脉石成分零星分布于蒸馏残渣中，结合元素含量的变化，可以发现，随着温度的升高，氧和硫含量下降，铁、锌、硅、钙等元素含量升高，这是由于随着温度的升高，其他矿物的沸点较高而单质硫的沸点低，在单质硫挥发后，蒸馏残渣中的其他矿物自然富集。这不仅能有效地分离单质硫和其他脉石成分，有价金属自然富集，而且对后续有价金属的回收提供了便利。

4.5　不同回收方法对单质硫的影响

4.5.1　析出方式和降温速率对单质硫的影响

为更完全地把硫和正癸烷进行分离，并得到高品质的硫黄，首先考察了不同的析出方式对硫回收率的影响，结果如图 4-24 所示。从图 4-24(a) 看出蒸发析出的硫回收率较高，硫回收率在 96% 以上；降温析出的硫回收率低于 90%。正癸烷的载硫量越大，硫回收率越高。降温析出硫回收率增加明显是因为在 0 ℃时硫在正癸烷中的溶解度不变，随载硫量的增加，结晶出的硫增多，使得硫回收率有提高。其次，实验还考察了降温析出方式的循环效果，循环过程中每次添加的单质硫质量为 3.5 g/100 mL，结果如图 4-24(b) 所示。由图 4-24(b) 可知，随着循环次数增加，硫回收率逐渐升高，由 85.75% 升高稳定至 98% 左右。

最后，实验探究了不同的析出方式和降温方式对硫形貌的影响，结果如图 4-25 所示。图 4-25(a) 和图 4-25(b) 是采用降温析出的方式得到的硫，图 4-25(c)

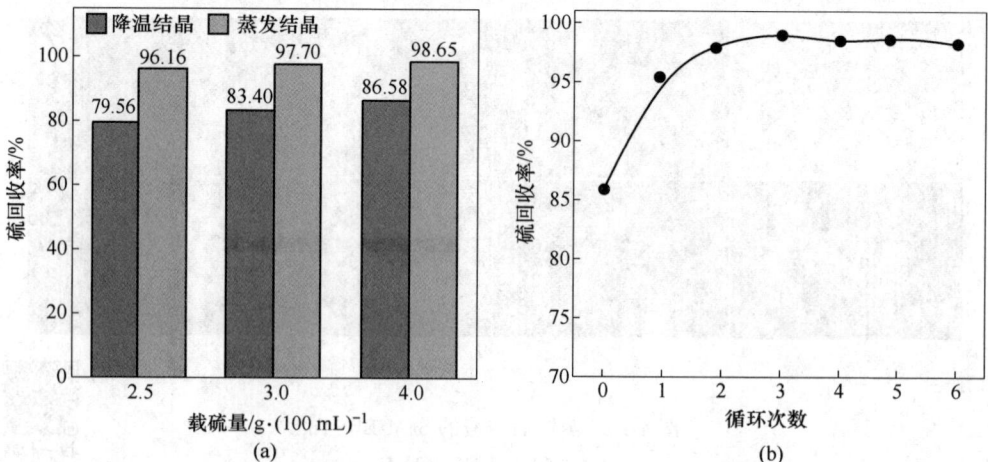

(a)

(b)

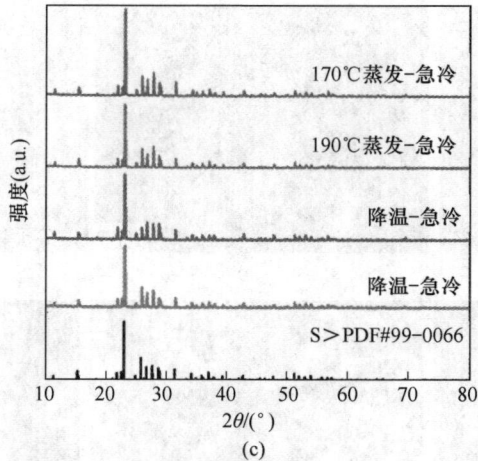

图 4-24 结晶方式和循环次数对硫黄的影响

（a）载硫量；（b）降温结晶循环次数；（c）XRD 图

和图 4-25（d）是采用蒸发析出的方式得到的硫。其中图 4-25（a）的析出过程为随油冷却，降温速率约为 0.018 ℃/s，图 4-25（b）~图 4-25（d）是采用冰水冷却，降温速率约为 13 ℃/s。如图 4-25 所示，不同析出方式对硫的形貌具有不同的影响。降温析出的硫表面光滑，而蒸发析出的硫疏松多孔，呈海绵状。从图 4-25（a）可以发现，采用降温缓慢冷却方式得到的硫在外观上呈针状或片层状产出，而由图 4-25（b）可知使用冰水快速降温方式得到的硫呈蓬松的沙状，颗粒粒径较细。对比图 4-25（c）和图 4-25（d），蒸发析出的硫在使用冰水降温后，主要呈小颗粒状。随着蒸发温度的降低，其颜色偏向于硫升华时的颜色，蒸发温度变高，颜色变深，这是由于温度越高，S8 断裂分解，黏度增大，颜色加深。结合图 4-25 中 SEM 发现，降温析出的硫粒径普遍在 20~50 μm，缓慢降温的硫晶体多为菱形；而降温速率过快的硫多呈不规则状，且颗粒表面存在小凹陷，这是由于降温速率较快，造成体积骤减，液态硫来不及迁移到颗粒表面结晶。从图 4-24（c）可以看出，无论采用何种方式，硫的 XRD 衍射峰角度并未偏移。综上所述，采用降温析出方式，降温速率为 0.018 ℃/s 时可获得晶型更好、微观形貌呈正八面体菱形的单质硫。

4.5.2 常压冷凝对单质硫的影响

为探究不同冷凝条件对硫的影响，分析了不同冷凝温度对硫形貌的影响。硫的冷凝距离与形态的分布规律如表 4-5 和图 4-26 所示。可以看出，随着冷凝距离的增加，硫的形态逐步从致密颗粒状到块状和片层状转变，最后转变为片层状，块状和粉状的硫黏附性不大，易从管壁上刮取下来，但致密颗粒状的硫和片层状的硫黏附于管壁，不易刮取。结合不同冷凝段硫的 SEM 图可以看出颗粒状、块

图 4-25　结晶方式对硫黄形貌的影响

（a）缓慢冷却结晶；（b）水冷结晶；（c）190 ℃蒸发结晶；（d）170 ℃结晶

状和片层状的硫多数致密，无孔洞，其结晶过程中由于温度较高，黏附于管壁后呈液态，后经降温形成块状和片层状。但冷凝距离较远处，硫在附着于管壁时已经结晶完成，后由于重力作用沉积于管壁处，由于结晶是在悬浮状态下完成，其大小分布均匀，形状近乎球形，小颗粒间连接不紧密，有很多孔隙。

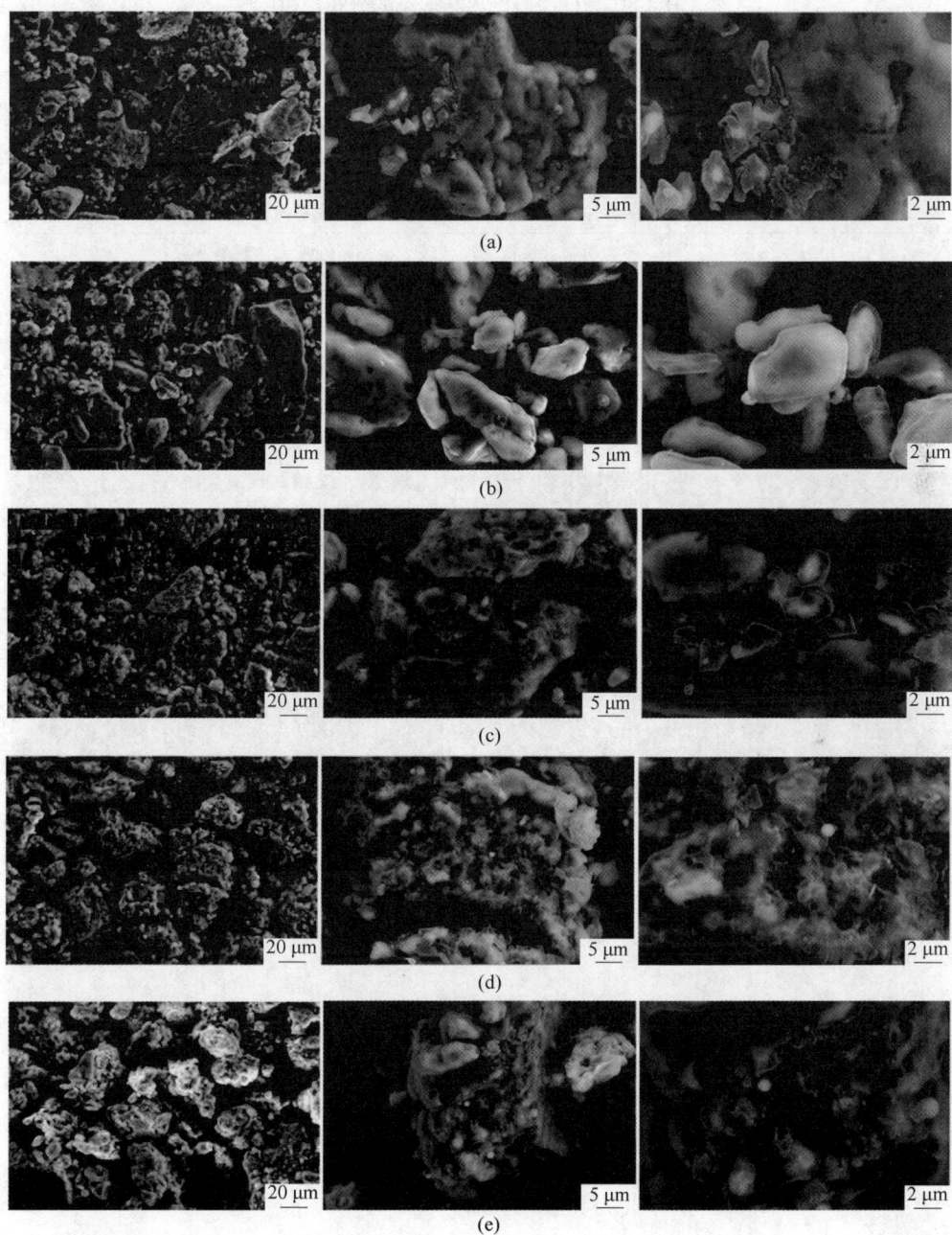

图 4-26　不同冷凝段硫的 SEM 图
(a) 0 段；(b) 1 段；(c) 2 段；(d) 3 段；(e) 4 段

扫一扫看
更清楚

表 4-5　硫的冷凝距离与形态的分布规律

序号	冷凝距离/cm	冷凝硫的形态及性质
0 段	0~5	多为致密颗粒状，片状、粉状较少，黏附性不大，不易刮取
1 段	5~10	多为块状，片状、粉状较少，黏附性不大，较易刮取
2 段	10~15	多为片状，块状、粉状较少，黏附性较大，不易刮取
3 段	15~20	多为片状，块状、粉状较少，黏附性不大，较易刮取
4 段	>20	多为粉状，块状、片状较少，黏附性不大，较易刮取

对冷凝粉状硫进行线扫描，结果如图 4-27 所示。从图 4-27 中可以看出，硫黄并未发生包裹行为，表面的成分基本稳定，硫的质量分数为 99.35%，氧的含量（质量分数）为 0.65%，完全符合工业硫黄的标准。

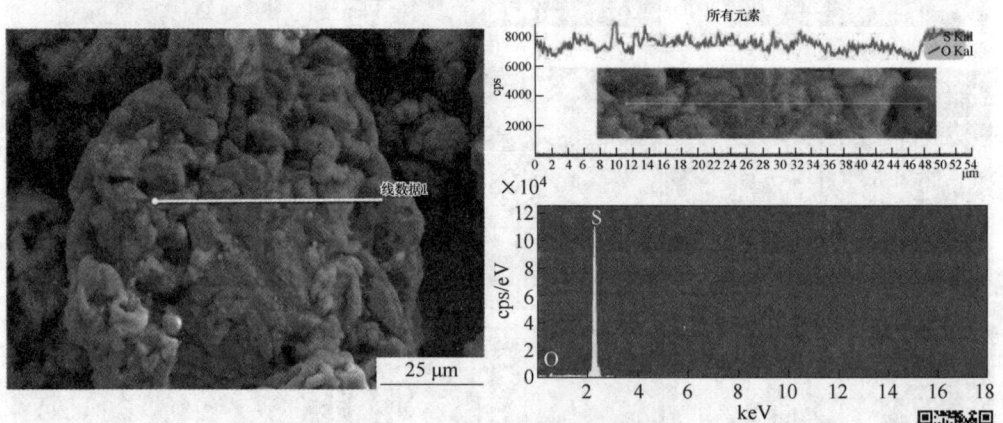

图 4-27　第 4 段冷凝硫的线扫描图

扫一扫看
更清楚

5 高硫渣中有价金属的回收

5.1 高硫渣浸出探索实验

高硫渣氧压浸出实验在容积为 1 L 的 KTFD1-10 型反应釜内进行，具体实验步骤为：准确称量实验所需的原料和木质素磺酸钙，按照实验设定液固比加入浸出剂到高压釜体内，通过对角对称多次逐步加力拧紧螺母使釜体和釜盖密封。密封后套上加热炉，设置好升温程序和搅拌速度后开始加热。当仪表盘上显示温度到达设定温度时，向高压釜内按设定的氧分压通入纯氧，并同时开始计时。到达设定浸出时间后立刻终止加热停止通氧，先通冷却水进行冷却降温，再将高压釜内的气体通过管路泄放，使高压釜内压力降至常压，开盖取出料浆进行过滤、洗涤，记录滤液体积，烘干渣样进行分析，计算各金属的浸出率。本实验所用的浸出剂中配入含 50 g/L Zn^{2+}、4 g/L Mn^{2+}、180 g/L H_2SO_4 的硫酸锌溶液，以模拟工厂废电解液。

常压浸出实验时，烧瓶中加入所需的高硫渣原料和硫酸溶液，调整好搅拌速度，将料液加热至 90 ℃，浸出 90 min，反应结束后抽滤使液固分离，烘干记录渣样质量，量取滤液取样分析，计算锌、铁、镓、锗的浸出率和渣率。实验结果见表 5-1。

表 5-1　高硫渣在不同条件下常压与氧压浸出时各金属浸出率数据

氧压 /MPa	H_2SO_4 浓度 /g·L^{-1}	L/S /mL·g^{-1}	温度 /℃	时间 /min	Zn /%	Fe /%	Ga /%	Ge /%	渣率 /%
0	160	6	90	90	21.46	4.04	7.25	2.41	93.86
0	180	6	80	90	25.56	3.75	11.16	3.56	94.80
0	180	6	90	120	24.54	4.09	8.49	2.81	94.78
0	180	7	90	90	21.08	3.78	12.92	3.57	95.16
0	180	6	90	90	29.18	4.11	13.66	3.83	93.30
0.6	180	6	150	90	51.87	27.54	25.94	28.36	75.46
0.8	180	6	150	90	56.87	35.46	30.36	33.24	71.13
1.0	180	6	150	90	63.47	41.97	32.10	38.36	69.66

从表 5-1 可以看出，在常压下用硫酸浸出高硫渣，锌、铁、镓、锗等金属浸出率不高，从工艺矿物学研究可知高硫渣中单质硫含量过高且闪锌矿和黄铁矿等

金属硫化物受到单质硫的包裹。在常压浸出过程中，浸出温度低于单质硫的熔融温度，闪锌矿和黄铁矿等矿物不能暴露出来与硫酸发生反应，导致锌、铁、镓、锗浸出困难，故常压浸出不能有效地回收高硫渣中的有价金属。而当高硫渣在氧压下硫酸浸出时，锌、铁、镓、锗均有明显的提升，在氧压为 1.0 MPa、硫酸浓度为 180 g/L、液固比为 6∶1 mL/g、温度为 150 ℃、时间为 90 min 时，锌、铁、镓、锗的浸出率分别为 63.47%、41.97%、32.10%、38.36%。因此，采用氧压酸浸法处理高硫渣有一定的可行性。

5.2　高硫渣的脱硫

根据工艺矿物学研究分析及高硫渣氧压浸出探索实验结果可知，由于高硫渣中单质硫对闪锌矿和黄铁矿等主要浸出矿物的包裹，导致高硫渣在氧压浸出时闪锌矿和黄铁矿未能充分与硫酸进行反应浸出，造成锌、铁、镓、锗的浸出率偏低。因此，在下一步对高硫渣进行氧压浸出研究之前，为解决高硫渣中单质硫与其他矿物包裹嵌布的问题，使用正癸烷对高硫渣中的单质硫进行脱除。正癸烷为无色透明液体，性质稳定，不溶于水，溶于乙醇、乙醚等多数的有机溶剂。单质硫在正癸烷中的溶解度很大，140 ℃时大约为 6 g/(100 mL)，150 ℃时最高达到7 g/(100 mL)。采用正癸烷对高硫渣进行脱硫，实验在通风橱中进行。具体步骤为：用铁架台固定三角窄口烧瓶置于油浴锅中。按照实验设定液固比加入正癸烷和高硫渣，用搅拌桨搅拌，加速正癸烷对单质硫的溶解，油浴加热到 140 ℃保持10 min。同时将过滤装置于烘干箱进行加热，保温结束后趁热取出过滤装置进行热过滤，使正癸烷与渣分离。分离后的渣再用水洗掉残余的正癸烷后烘干为后续实验所用，过滤后的正癸烷溶液自然冷却后置于冰箱中使单质硫析出，再将单质硫与正癸烷过滤分离，正癸烷可循环使用。脱硫过程中发现当正癸烷与高硫渣的液固比为 10∶1 mL/g 时，高硫渣中单质硫脱除率大概为 50%；液固比为 20∶1 mL/g时，硫脱除率达到 98% 以上。为考察高硫渣中不同硫含量对氧压浸出实验锌、铁、镓、锗等金属浸出率的影响，通过调整液固比将高硫渣中的单质硫分别脱除50% 和完全脱除，这两种脱硫渣将用于下一步氧压浸出实验研究。

5.3　不同硫含量的高硫渣氧压浸出实验

根据上述实验方法，氧压浸出实验在高压釜中进行。对高硫渣、高硫渣脱硫50%、高硫渣完全脱硫分别进行氧压浸出实验研究，考察了 Fe^{3+} 浓度、浸出温度、液固比、氧分压、浸出时间、初始酸度等因素对 3 种硫含量的高硫渣在氧压浸出过程中锌、铁、镓、锗浸出率的影响规律。

5.3.1 铁（Ⅲ）添加量的影响

在加入渣样 100 g、初始酸度为 180 g/L、液固比为 6∶1 mL/g、浸出温度为 150 ℃、浸出时间为 120 min、木质素磺酸钙添加量为渣样的 1%、搅拌速度为 600 r/min 的条件下，控制 Fe^{3+} 浓度分别为 0 g/L、2 g/L、4 g/L、8 g/L、10 g/L，考察 Fe^{3+} 浓度对高硫渣直接氧压浸出、高硫渣脱硫 50%-氧压浸出、高硫渣完全脱硫-氧压浸出中 Zn、Fe、Ga、Ge 浸出率的影响，结果如图 5-1 所示。

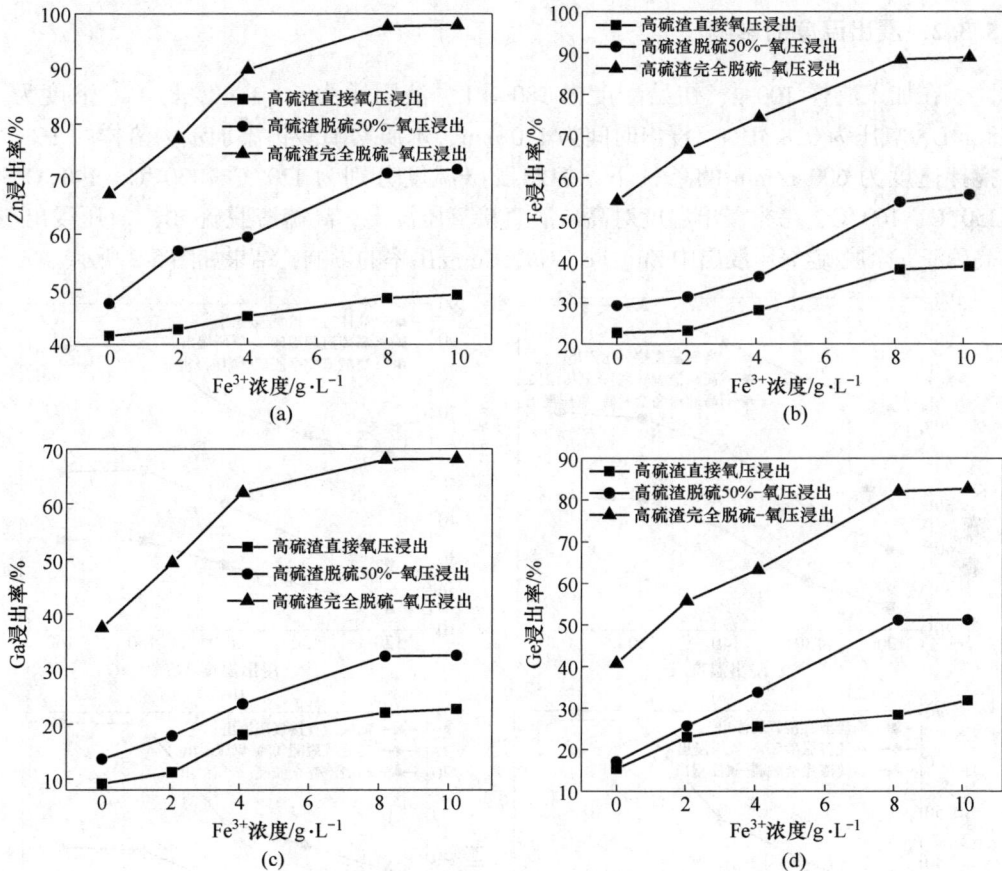

图 5-1 Fe^{3+} 浓度对各金属浸出率的影响

（a）Zn；（b）Fe；（c）Ga；（d）Ge

由于高硫渣中的铁主要以黄铁矿的形式存在，溶液中缺少可溶性铁来进行氧的传递，所以需要加入 Fe^{3+}，以达到加快浸出的目的。主要反应为：

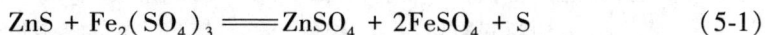

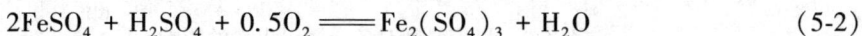

$$ZnS + Fe_2(SO_4)_3 =\!=\!=\!= ZnSO_4 + 2FeSO_4 + S \tag{5-1}$$

$$2FeSO_4 + H_2SO_4 + 0.5O_2 =\!=\!=\!= Fe_2(SO_4)_3 + H_2O \tag{5-2}$$

由图 5-1 可知，在不同 Fe^{3+} 浓度下，高硫渣直接氧压浸出、高硫渣脱硫 50%-

氧压浸出、高硫渣完全脱硫-氧压浸出中 Zn、Fe、Ga、Ge 的浸出率总体趋势随 Fe^{3+} 浓度的增大而逐步升高，在 Fe^{3+} 浓度为 8 g/L 时达到稳定。高硫渣脱硫 50% 时，Fe^{3+} 浓度的增加，使浸出液中氧的传递更快，各金属浸出率较高硫渣直接氧压浸出均有不同程度的提高。当高硫渣完全脱硫后，随着 Fe^{3+} 浓度的增大，Zn、Fe、Ga、Ge 的浸出率逐渐提高，在 Fe^{3+} 浓度为 8 g/L 时 Zn、Fe、Ga、Ge 浸出率分别达到 97.73%、88.43%、68.07%、82.11%。继续增大 Fe^{3+} 浓度，各金属浸出率基本保持不变。故 Fe^{3+} 浓度为 8 g/L 较为合适。

5.3.2　浸出温度的影响

在加入渣样 100 g、初始酸度为 180 g/L、液固比为 6∶1 mL/g、Fe^{3+} 浓度为 8 g/L、氧压为 0.8 MPa、浸出时间为 120 min、木质素磺酸钙添加量为渣样的 1%、搅拌速度为 600 r/min 的条件下，控制浸出温度分别为 120 ℃、130 ℃、140 ℃、150 ℃、160 ℃，考察浸出温度对高硫渣直接氧压浸出、高硫渣脱硫 50%-氧压浸出、高硫渣完全脱硫-氧压浸出中 Zn、Fe、Ga、Ge 浸出率的影响，结果如图 5-2 所示。

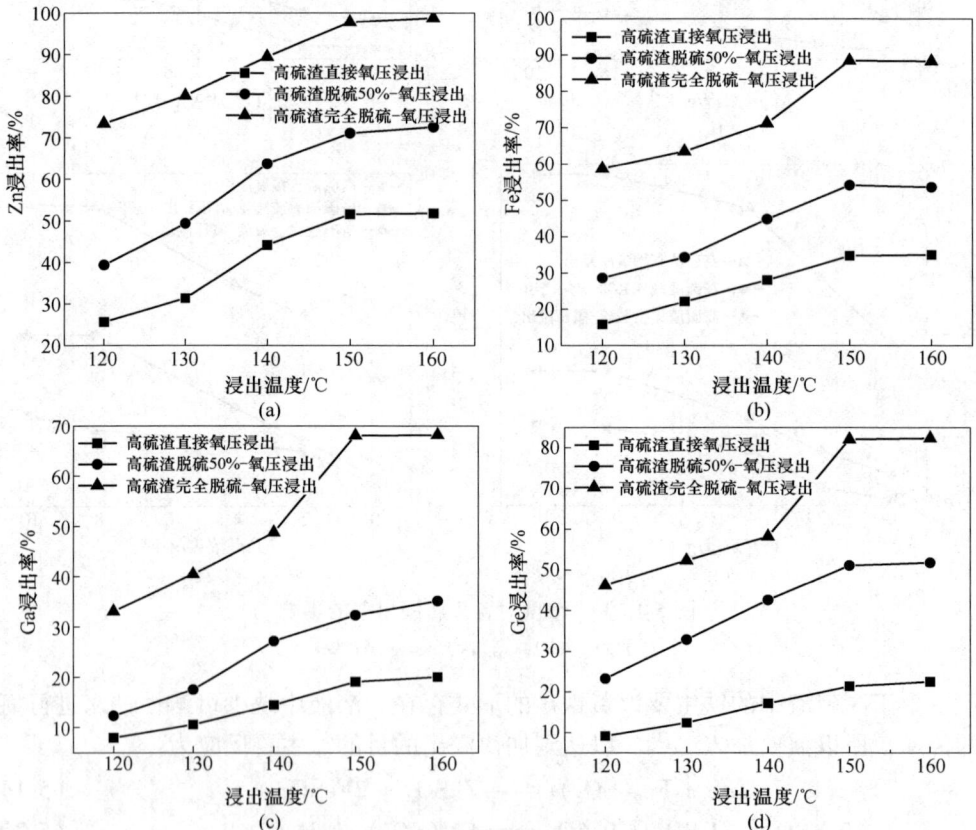

图 5-2　浸出温度对各金属浸出率的影响
(a) Zn；(b) Fe；(c) Ga；(d) Ge

由图 5-2 可知，在不同浸出温度下，高硫渣直接氧压浸出、高硫渣脱硫 50%-氧压浸出、高硫渣完全脱硫-氧压浸出中 Zn、Fe、Ga、Ge 的浸出率总体趋势随温度的升高而逐步增大，浸出温度在 150 ℃左右达到稳定。高硫渣脱硫 50%后使得渣中硫含量由原料的 52.48%降至 25.02%，各金属浸出率较高硫渣直接氧压浸出均有不同程度的提高且变化趋势基本一致；当高硫渣完全脱硫后使得被单质硫包裹的硫化锌及黄铁矿得以全部暴露，故 Zn、Fe、Ga、Ge 浸出率分别达到 97.73%、88.43%、68.07%、82.11%。本实验所用的高硫渣中铁主要以黄铁矿形式存在，而镓主要赋存在黄铁矿中，从而造成了 Fe、Ga 的浸出率低于 Zn、Ge。故浸出温度为 150 ℃较为合适。

5.3.3　液固比的影响

在加入渣样 100 g、初始酸度为 180 g/L、温度为 150 ℃、Fe^{3+}浓度为 8 g/L、氧压为 0.8 MPa、浸出时间为 120 min、木质素磺酸钙添加量为渣样的 1%、搅拌速度为 600 r/min 的条件下，控制液固比分别为 3∶1 mL/g、4∶1 mL/g、5∶1 mL/g、6∶1 mL/g、7∶1 mL/g，考察液固比对高硫渣直接氧压浸出、高硫渣脱硫 50%-氧压浸出、高硫渣完全脱硫-氧压浸出中 Zn、Fe、Ga、Ge 浸出率的影响，结果如图 5-3 所示。

从图 5-3 可知，在不同液固比下，高硫渣直接氧压浸出、高硫渣脱硫 50%-氧压浸出、高硫渣完全脱硫-氧压浸出中 Zn、Fe、Ga、Ge 的浸出率总体趋势随液固比的增大而逐步升高，而后在液固比为 6∶1 mL/g 时达到稳定。高硫渣脱硫 50%时使得渣中部分被单质硫包裹的矿物得以分离，增大了与硫酸的反应面积，各金属浸出率较高硫渣直接氧压浸出均有不同程度的提高。当高硫渣完全脱硫后使得被单质硫包裹的硫化锌、黄铁矿及其他矿物得以全部暴露，液固比的提高增大了硫酸的传质过程，在液固比为 6∶1 mL/g 时 Zn、Fe、Ga、Ge 的浸出率分别达到 97.73%、88.43%、68.07%、82.11%。当液固比超过 6∶1 mL/g 时，各金属浸出率有所下降，这可能是硅的浸出形成硅酸，吸附浸出液中的金属离子从而造成金属损失。

综上所述，液固比为 6∶1 mL/g 较为合适。

5.3.4　氧分压的影响

在加入渣样 100 g、初始酸度为 180 g/L、液固比为 6∶1 mL/g、Fe^{3+}浓度为 8 g/L、浸出温度为 150 ℃、浸出时间为 120 min、木质素磺酸钙添加量为渣样的 1%、搅拌速度为 600 r/min 的条件下，控制氧分压分别为 0.4 MPa、0.6 MPa、0.8 MPa、1.0 MPa、1.2 MPa，考察氧分压对高硫渣直接氧压浸出、高硫渣脱硫

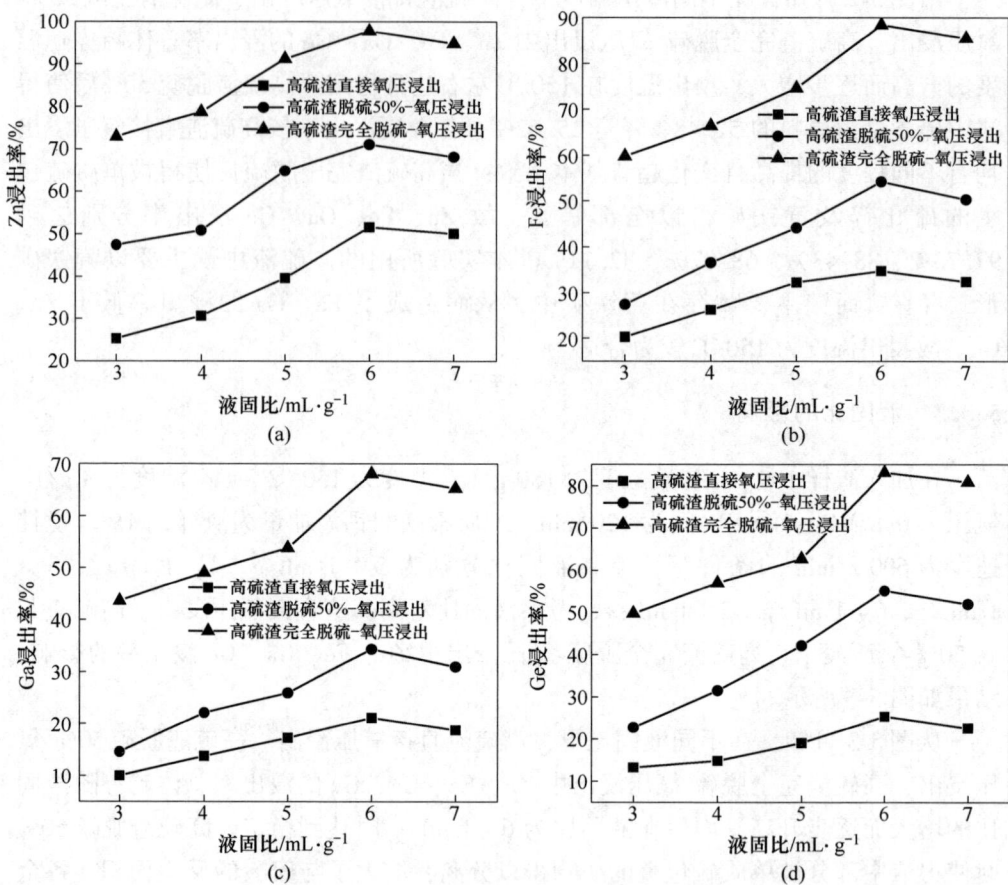

图 5-3　液固比对各金属浸出率的影响

（a）Zn；（b）Fe；（c）Ga；（d）Ge

50%-氧压浸出、高硫渣完全脱硫-氧压浸出中 Zn、Fe、Ga、Ge 浸出率的影响，结果如图 5-4 所示。

　　由图 5-4 可知，在不同氧分压下，高硫渣直接氧压浸出、高硫渣脱硫 50%-氧压浸出、高硫渣完全脱硫-氧压浸出中 Zn、Fe、Ga、Ge 的浸出率总体随氧分压的增大而逐步升高，在氧分压为 1.0 MPa 时达到稳定。高硫渣脱硫 50%时氧分压的增大，使浸出液中氧浓度增加，各金属浸出率较高硫渣直接氧压浸出均有不同程度的提高。当高硫渣完全脱硫后，氧分压的增加促进氧的传递，加速渣中硫化锌和黄铁矿的溶解，在氧分压为 1.0 MPa 时，Zn、Fe、Ga、Ge 浸出率分别达到 97.73%、88.43%、68.07%、82.11%。故氧分压为 1.0 MPa 较为合适。

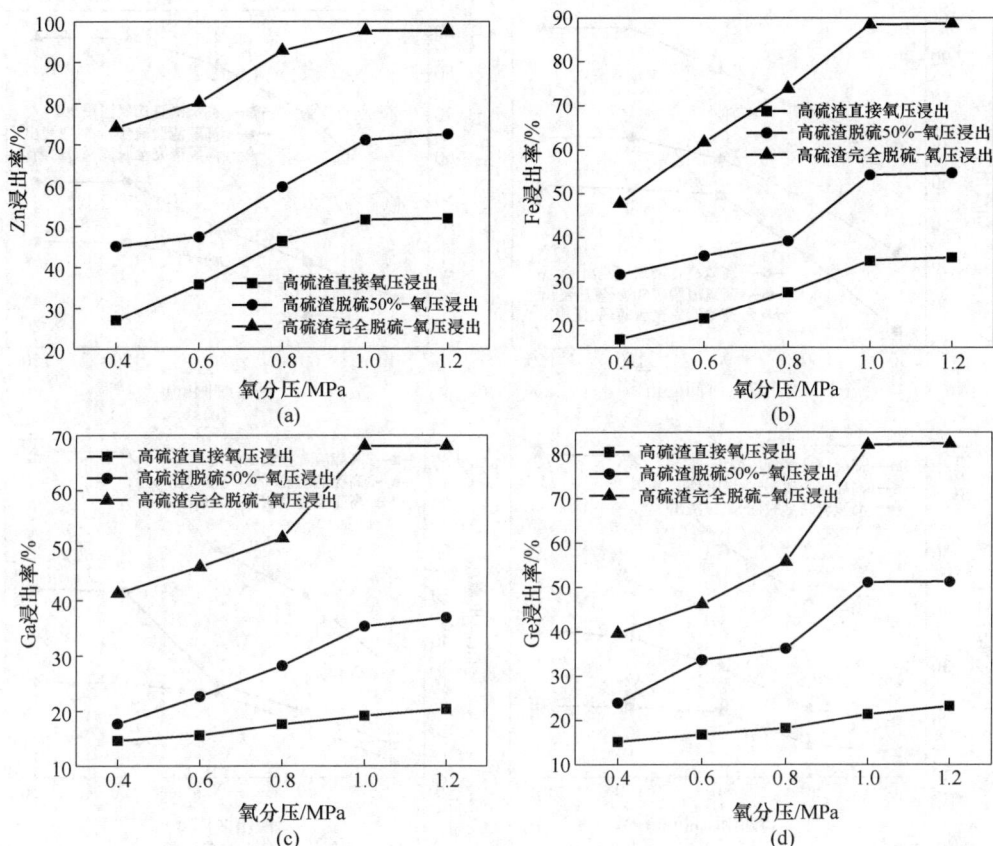

图 5-4 氧分压对各金属浸出率的影响

(a) Zn；(b) Fe；(c) Ga；(d) Ge

5.3.5 浸出时间的影响

在加入渣样 100 g、初始酸度为 180 g/L、氧压为 0.8 MPa、Fe^{3+} 浓度为 8 g/L、液固比为 6∶1 mL/g、浸出温度为 150 ℃、木质素磺酸钙添加量为渣样的 1%、搅拌速度为 600 r/min 的条件下，控制浸出时间分别为 30 min、60 min、90 min、120 min、150 min，考察浸出时间对高硫渣直接氧压浸出、高硫渣脱硫 50%-氧压浸出、高硫渣完全脱硫-氧压浸出中 Zn、Fe、Ga、Ge 浸出率的影响，结果如图 5-5 所示。

由图 5-5 可见，在不同浸出时间下，高硫渣直接氧压浸出、高硫渣脱硫 50%-氧压浸出、高硫渣完全脱硫-氧压浸出中 Zn、Fe、Ga、Ge 的浸出率总体随时间的增加而逐步增大，当反应时间超过 120 min 后，继续延长浸出时间对各金属元素浸出率影响不大。高硫渣脱硫 50%-氧压浸出时，随着浸出时间的增加，各金属

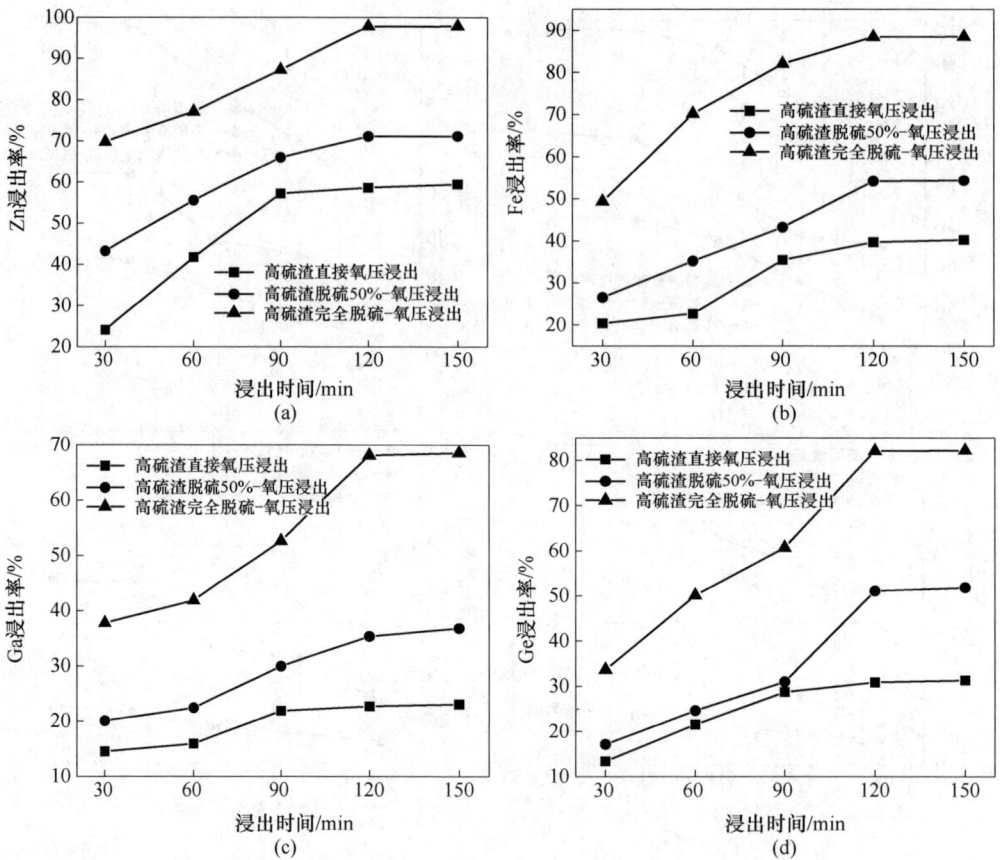

图 5-5　浸出时间对各金属浸出率的影响

（a）Zn；（b）Fe；（c）Ga；（d）Ge

浸出率较高硫渣直接氧压浸出均有所增加且变化趋势基本一致。当高硫渣完全脱硫后使得被单质硫包裹的硫化锌及黄铁矿得以全部暴露，在浸出时间为 120 min时，Zn、Fe、Ga、Ge 浸出率分别达到 97.73%、88.43%、68.07%、82.11%。故浸出时间为 120 min 较为合适。

5.3.6　初始酸度的影响

在加入渣样 100 g、Fe^{3+} 浓度为 8 g/L、氧压为 0.8 MPa、液固比为 6∶1 mL/g、温度为 150 ℃、浸出时间为 120 min、木质素磺酸钙添加量为渣样的 1%、搅拌速度为 600 r/min 的条件下，控制初始酸度分别为 120 g/L、140 g/L、160 g/L、180 g/L、200 g/L，考察初始酸度对高硫渣直接氧压浸出、高硫渣脱硫 50%-氧压浸出、高硫渣完全脱硫-氧压浸出中 Zn、Fe、Ga、Ge 浸出率的影响，结果如图 5-6所示。

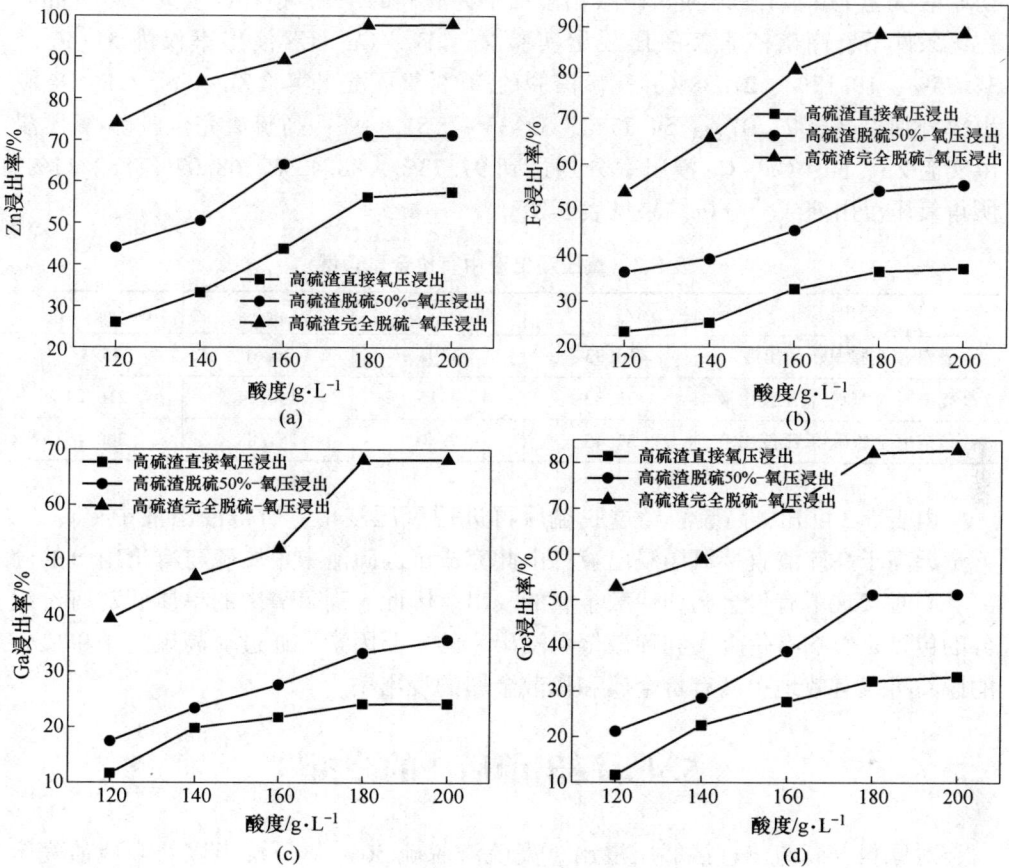

图 5-6 初始酸度对各金属浸出率的影响

(a) Zn; (b) Fe; (c) Ga; (d) Ge

由图 5-6 可知，在不同初始酸度下，高硫渣直接氧压浸出、高硫渣脱硫 50%-氧压浸出、高硫渣完全脱硫-氧压浸出中 Zn、Fe、Ga、Ge 的浸出率总体随着初始酸度的增加而逐步增大，在初始酸度为 180 g/L 时达到稳定。高硫渣脱硫 50% 时，随着初始酸度的增大，各金属浸出率较高硫渣直接氧压浸出均有不同程度的提高，且变化趋势基本一致。当高硫渣完全脱硫后，初始酸度为 180 g/L 时 Zn、Fe、Ga、Ge 浸出率分别达到 97.73%、88.43%、68.07%、82.11%。本实验所用的高硫渣中铁主要以黄铁矿形式存在，而镓主要赋存在黄铁矿中，从而造成了 Fe、Ga 的浸出率低于 Zn、Ge。由此可以推断，初始酸度的增加可以促进黄铁矿的浸出，从而提高铁、镓的浸出率。同时过高的初始酸度也不利于后续净化工序的进行，故选择初始酸度为 180 g/L。

综上所述，可以得到高硫渣氧压浸出的最佳条件为：Fe^{3+} 浓度为 8 g/L，浸出温度为 150 ℃，浸出时间为 120 min，液固比为 6∶1 mL/g，氧分压为 1.0 MPa，初始酸度为 180 g/L，木质素磺酸钙添加量为渣样的 1%，搅拌速度为 600 r/min。在该条件下，高硫渣直接氧压浸出实验 Zn、Fe、Ga、Ge 浸出率仅为 51.56%、34.75%、19.13%、21.38%；高硫渣脱硫 50%-氧压浸出实验 Zn、Fe、Ga、Ge 浸出率分别提高至 71.07%、54.17%、32.33%、51.11%；高硫渣完全脱硫-氧压浸出实验 Zn、Fe、Ga、Ge 浸出率分别达到 97.73%、88.43%、68.07%、82.11%。所得氧压浸出液成分分析结果见表 5-2。

表 5-2　氧压浸出液中有价金属含量

浸出液	Zn/g · L^{-1}	Fe/g · L^{-1}	Ga/mg · L^{-1}	Ge/mg · L^{-1}
高硫渣直接氧压浸出液	10.93	1.98	36.61	45.37
高硫渣脱硫 50%-氧压浸出液	26.82	4.15	140.44	216.24
高硫渣完全脱硫-氧压浸出液	32.45	9.40	281.88	300.46

由表 5-2 可知，高硫渣经过脱硫后再进行氧压浸出，所得浸出液中 Ga、Ge 含量远高于高硫渣直接氧压浸出液，由此完成了高硫渣中单质硫与有价组分的分离，同时实现了有价金属和稀散金属的浸出。因此，高硫渣中的单质硫对有价组分的包裹是影响有价金属和稀散金属浸出率的主要因素，通过对高硫渣中单质硫的脱除可以有效地提高有价金属和稀散金属的浸出率。

5.4　浸出前后渣的分析

对原料、高硫渣直接氧压浸出、高硫渣脱硫 50%-氧压浸出以及高硫渣完全脱硫-氧压浸出的渣样进行 XRD、SEM 及 EDS 的分析。

5.4.1　高硫渣直接氧压浸出渣的分析

对高硫渣和最优实验条件下所得高硫渣直接氧压浸出渣的矿物颗粒表面的形状和大小进行 XRD 和电镜分析结果，如图 5-7 和图 5-8 所示。

从图 5-7 和图 5-8 对比中可以看出，由于高硫渣中主要物质为单质硫，其结构较为疏松，主要呈不规则状产出，且颗粒较大。经过直接氧压浸出后的高硫渣中有很多球形颗粒，这应该因为单质硫发生了形貌转变，颗粒明显小且粒度分布更均匀，结构也较为紧密。对高硫渣直接氧压浸出渣采用能谱面扫描，选取较大颗粒，分析直接氧压浸出过程中高硫渣颗粒内元素的浸出情况，结果如图 5-9 所示。由图 5-9 可知，浸出渣中的球形颗粒主要是单质硫。硫、锌元素含量较高，锌元素和铁元素基本全部出现在硫元素的颗粒上，同时硅元素与氧元素结合密切，表明硫主要是以单质硫、硫化锌或硫酸锌的形式存在，铁主要是以黄铁矿的形式存在，还有二氧化硅、硫酸钙等物相存在，镓、锗由于含量太低，在面扫图

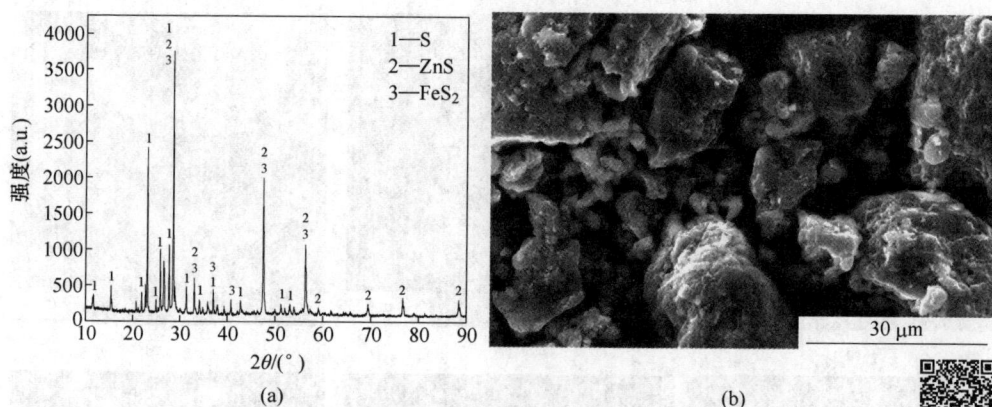

图 5-7 高硫渣的 XRD 和 SEM 分析结果

（a）XRD 分析结果；（b）SEM 分析结果

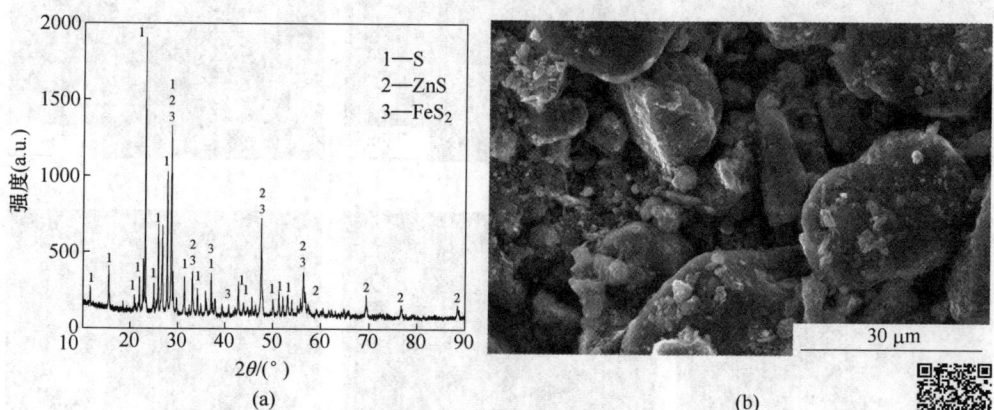

图 5-8 高硫渣直接氧压浸出渣的 XRD 和 SEM 分析结果

（a）XRD 分析结果；（b）SEM 分析结果

上未见其明显分布。

　　上述对高硫渣直接氧压浸出渣的分析，更好地解释了氧压浸出过程中各金属浸出率低的原因：高硫渣中硫含量达到了 52.48%，在高温下进行氧压浸出时单质硫在超过其熔点的温度下发生熔融，使得其包裹的部分金属硫化物释放出来进行反应。反应又会生成单质硫，单质硫在高压釜内搅拌作用下与未浸出的硫化物碰撞又发生包裹。浸出结束后温度降低，单质硫冷却后形成大小相对均匀的球形颗粒。

　　对高硫渣直接氧压浸出渣中的硫含量进行测定，其含量达到了 72%，渣率为 79.32%，为了分析高硫渣直接氧压浸出渣中其他矿物的浸出情况，使用 CS_2 洗去高硫渣直接氧压浸出渣中的单质硫，洗硫后渣的 XRD 图、SEM 图和 EDS 图，

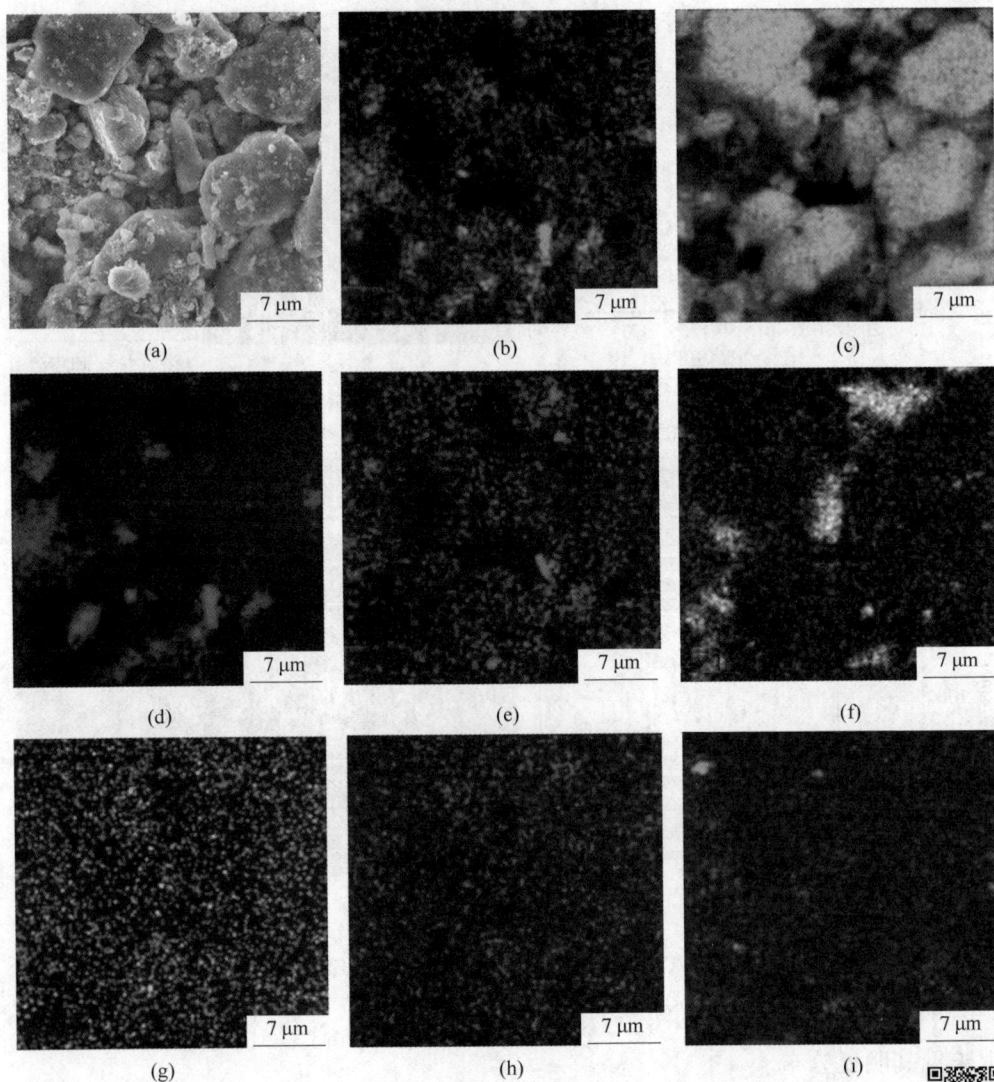

图 5-9　5000 倍下高硫渣直接氧压浸出渣的 EDS 面扫图

(a) 氧压浸出渣; (b) O; (c) S; (d) Si; (e) Ca; (f) Zn; (g) Ge; (h) Ga; (i) Fe

如图 5-10(a)、图 5-10(b)、图 5-11 所示。

由图 5-10(a) 可知，洗硫后的高硫渣直接氧压浸出渣中主要物相为未浸出的 ZnS 和 FeS$_2$，以及少部分未完全洗去的硫。由图 5-10(b) 的 SEM 图可知，洗硫后的高硫渣直接氧压浸出渣中颗粒大部分为细粒级，在浸出过程中由于受到单质硫的包裹未能与硫酸进行反应，造成金属浸出率低。由图 5-11 的 CS$_2$ 洗硫后高硫渣直接氧压浸出渣的 EDS 面扫图可知，未浸出的矿物主要为硫化锌、黄铁矿和二氧化硅。

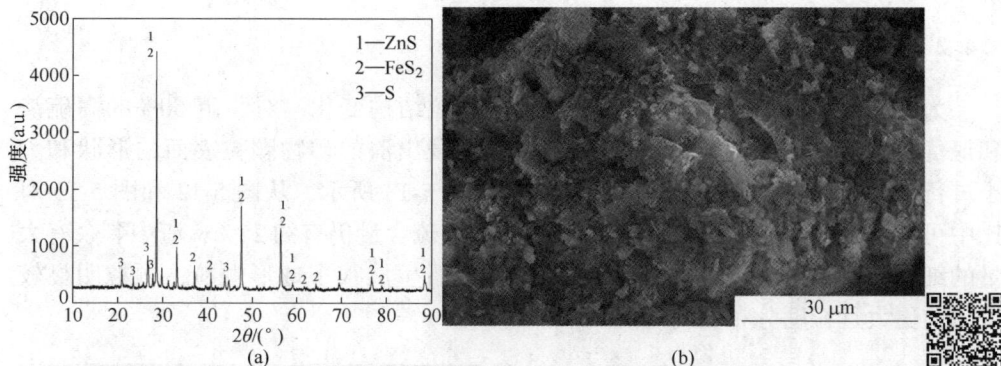

图 5-10 CS₂ 洗硫后高硫渣直接氧压浸出渣的 XRD 和 SEM 分析结果

（a）XRD 图谱；（b）SEM 图谱

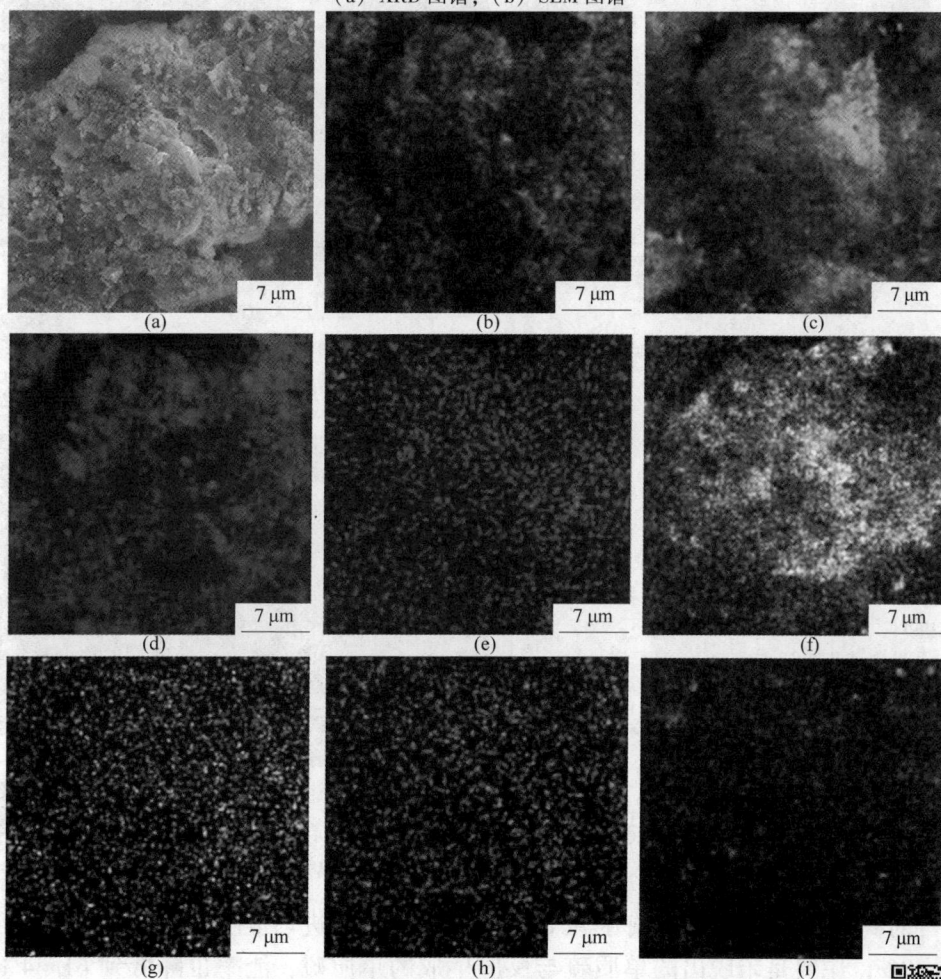

图 5-11 CS₂ 洗硫后直接氧压浸出渣的 EDS 面扫图

（a）氧压浸出渣；（b）O；（c）S；
（d）Si；（e）Ca；（f）Zn；（g）Ge；（h）Ga；（i）Fe

5.4.2　高硫渣脱硫 50%-氧压浸出渣的分析

为探究高硫渣脱硫 50%-氧压浸出前后颗粒结构变化,对脱硫 50%的高硫渣和最优实验条件下所得高硫渣脱硫 50%-氧压浸出渣的矿物颗粒表面的形状和大小进行 XRD 和电镜分析,结果如图 5-12 和图 5-13 所示。从图 5-12 和图 5-13 对比中可以看出,由于高硫渣脱硫 50%后,单质硫含量仍有约 25%,渣中剩余有大量的细小絮状物。高硫渣脱硫 50%-氧压浸出后生成很多球形颗粒,颗粒明显较浸出前更大且粒度分布更均匀。

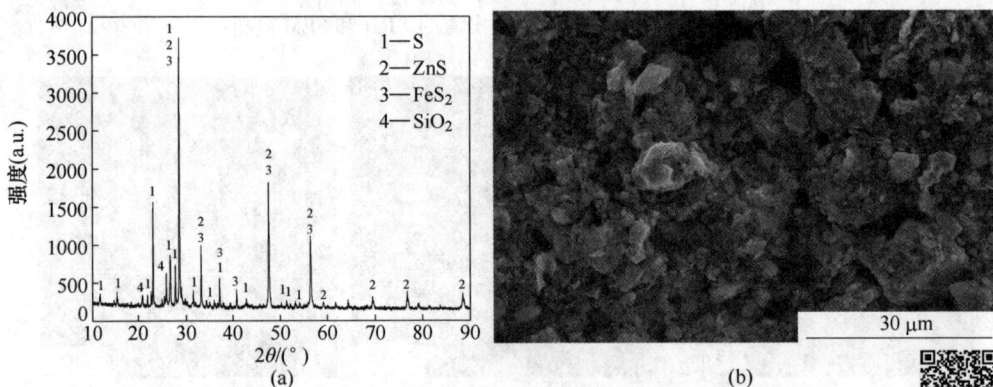

图 5-12　高硫渣脱硫 50%的 XRD 和 SEM 分析结果
（a）XRD 分析结果；（b）SEM 分析结果

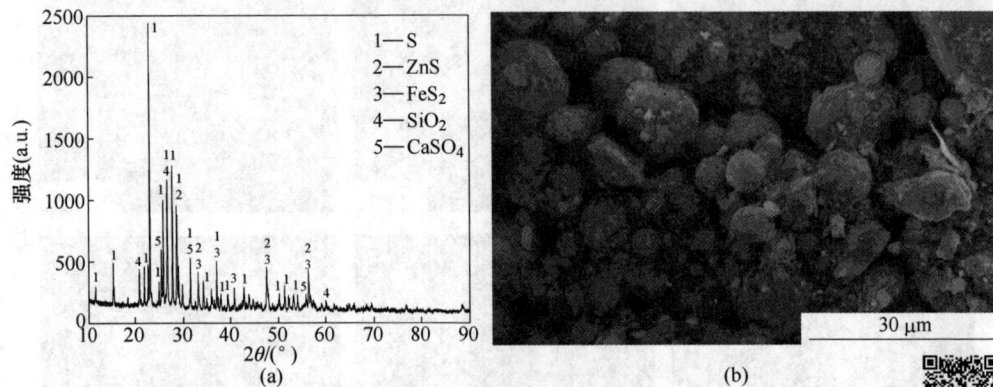

图 5-13　高硫渣脱硫 50%-氧压浸出渣的 XRD 和 SEM 分析结果
（a）XRD 分析结果；（b）SEM 分析结果

对高硫渣脱硫 50%-氧压浸出渣中的硫含量进行测定,其含量达到了 62.49%,主要是未脱出的单质硫与反应生成的单质硫,渣率也降低到 61.44%。对这部分渣进行能谱面扫描和点扫描,结果如图 5-14 和图 5-15 所示,EDS 分析结果见表 5-3。

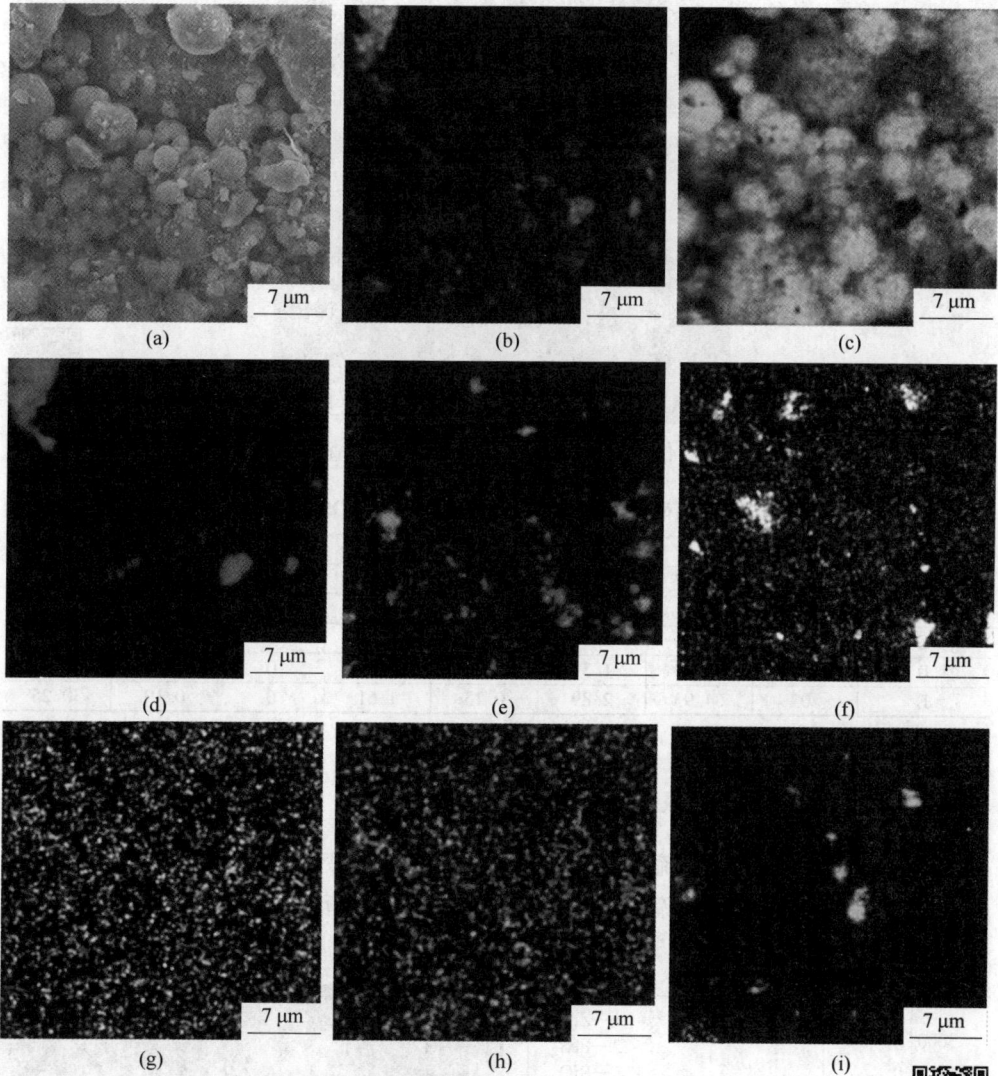

图 5-14　5000 倍下高硫渣脱硫 50%-氧压浸出渣的 EDS 面扫图

(a) 脱硫 50%的浸出渣；(b) O；(c) S；(d) Si；(e) Ca；

(f) Zn；(g) Ge；(h) Ga；(i) Fe

扫一扫看
更清楚

　　由图 5-14 结合图 5-15 和表 5-3 的 EDS 分析结果可知，高硫渣脱硫 50%-氧压浸出后渣中主要球形颗粒均为单质硫，这些单质硫一部分是高硫渣中未脱除的单质硫，另一部分则是氧压浸出金属硫化物生成的。除单质硫以外的物相主要为 $CaSO_4$、SiO_2、ZnS、FeS_2 等，未浸出的 Ge 主要在 SiO_2（图 5-15 中"B"颗粒）中，而未浸出的 Ga 主要在 FeS_2（图 5-15 中"E"颗粒）中，有一部分赋存在 SiO_2（图 5-15 中"B"颗粒）中。

图 5-15　5000 倍下高硫渣脱硫 50%-氧压浸出渣的 EDS 点扫图

表 5-3　高硫渣脱硫 50%-氧压浸出渣的 EDS 分析结果　　　　　（%）

区域	O	S	Si	Ca	Zn	Ge	Ga	Fe
A	0	56.27	2.90	0.11	38.70	0.13	0	1.88
B	49.27	6.34	43.71	0.07	0.17	0.19	0.07	0.17
C	5.09	93.63	0.50	0.06	0.08	0	0	0.63
D	0	97.70	1.51	0.04	0.29	0	0	0.47
E	0	64.93	2.89	0.13	1.61	0	0.19	30.25

注：A 为 ZnS；B 为 SiO_2；C，D 为 S；E 为 FeS_2。

5.4.3　高硫渣完全脱硫-氧压浸出渣的分析

为探究高硫渣完全脱硫-氧压浸出前后颗粒结构变化，对完全脱硫的高硫渣和最优实验条件下所得高硫渣完全脱硫-氧压浸出后渣的矿物颗粒表面的形状和大小进行 XRD 和电镜分析，结果如图 5-16 和图 5-17 所示。

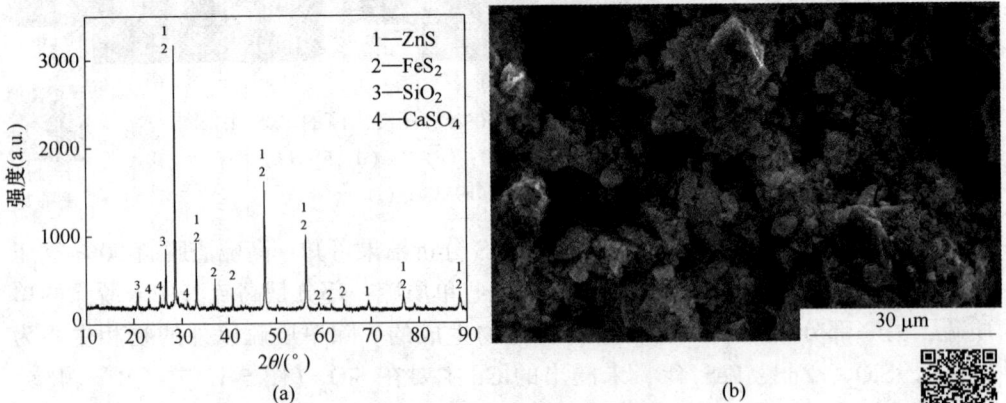

(a)　　　　　　　　　　　　　(b)

图 5-16　高硫渣完全脱硫的 XRD 和 SEM 分析结果

(a) XRD 分析结果；(b) SEM 分析结果

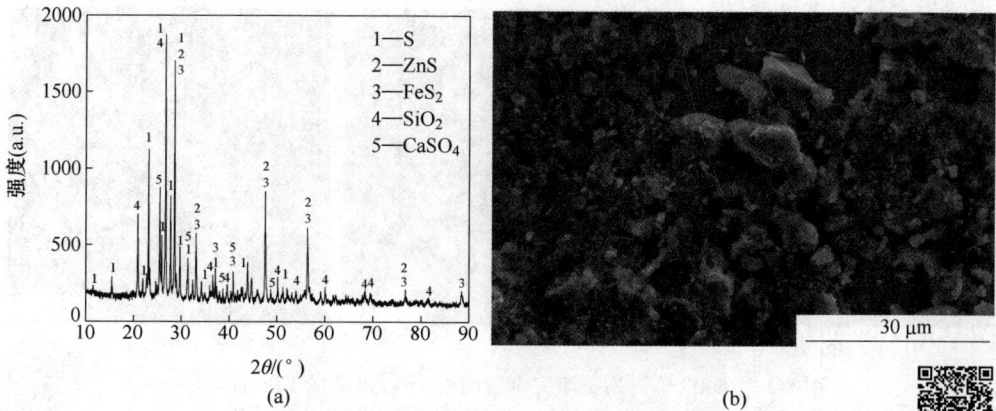

图 5-17 高硫渣完全脱硫-氧压浸出渣的 XRD 和 SEM 分析结果

（a）XRD 分析结果；（b）SEM 分析结果

扫一扫看
更清楚

　　从图 5-16 和图 5-17 对比中可以看出，由于高硫渣的单质硫被完全脱除，渣中剩余颗粒较大；高硫渣完全脱硫-氧压浸出渣中颗粒粒度明显变小，说明大部分 ZnS、FeS_2 被溶解浸出。对高硫渣完全脱硫-氧压浸出渣中的硫含量进行测定，其含量达到了 27.77%，渣率进一步降低到 44.32%，这部分渣中硫主要是金属硫化物与硫酸在氧压浸出下反应生成。对高硫渣完全脱硫-氧压浸出渣进行能谱面扫描和点扫描，结果如图 5-18 和图 5-19 所示，EDS 分析结果见表 5-4。由图 5-18

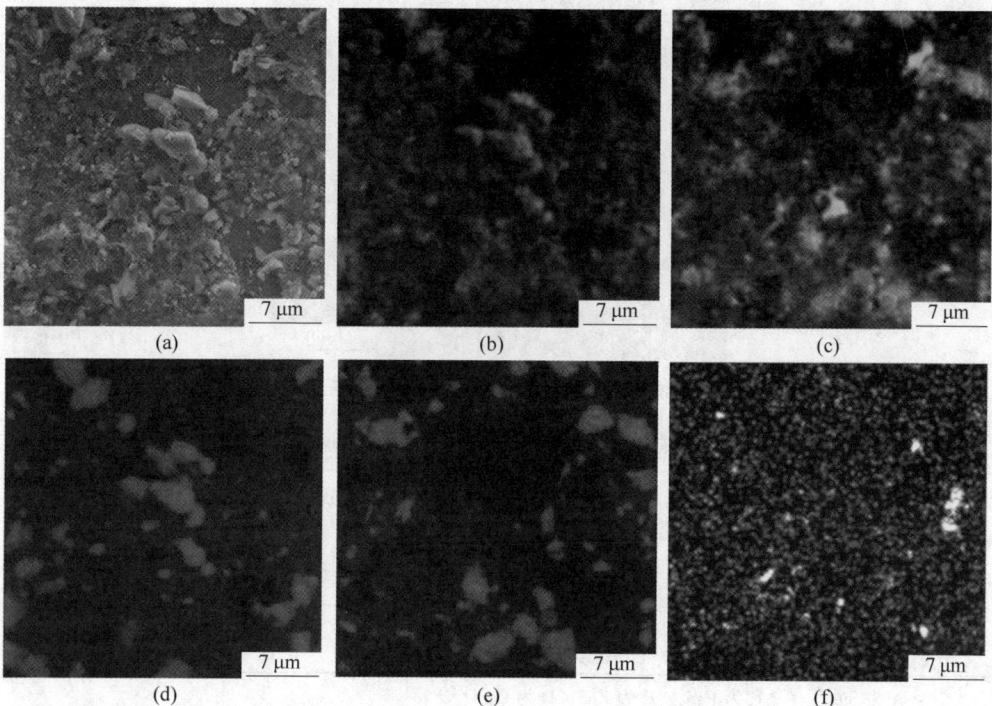

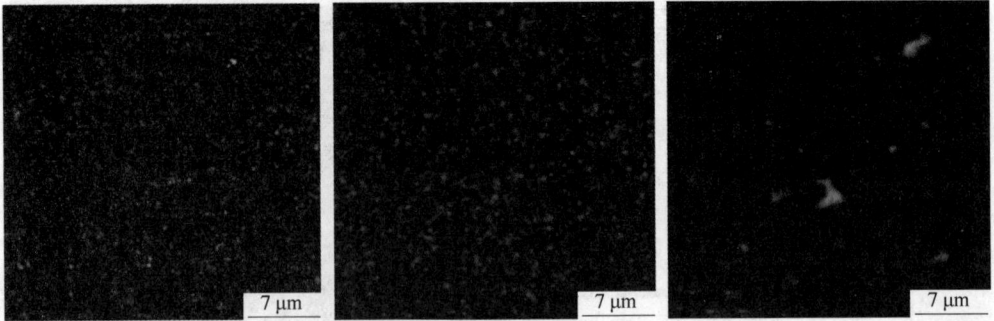

图 5-18　5000 倍下高硫渣完全脱硫-氧压浸出渣的 EDS 面扫图

(a) 完全脱硫的浸出渣；(b) O；(c) S；(d) Si；(e) Ca；

(f) Zn；(g) Ge；(h) Ga；(i) Fe

扫一扫看
更清楚

结合图 5-19 和表 5-4 的 EDS 分析结果可知，高硫渣完全脱硫氧压浸出后，渣中主要残余物相为 SiO_2、$CaSO_4$ 以及少部分未浸出的 ZnS、FeS_2 等，未浸出的 Ge 主要在 SiO_2（图 5-19 中"A"颗粒）中，而未浸出的 Ga 主要在 FeS_2（图 5-19 中"B""E"颗粒）中，有一部分赋存在 SiO_2（图 5-19 中"A"颗粒）中。

扫一扫看
更清楚

图 5-19　5000 倍下高硫渣完全脱硫-氧压浸出渣的 EDS 点扫图

表 5-4　高硫渣完全脱硫-氧压浸出渣的 EDS 分析结果　　　　（%）

区域	O	S	Si	Ca	Zn	Ge	Ga	Fe
A	50.28	0.01	49.20	0.06	0	0.31	0.05	0
B	2.67	53.79	1.40	0.75	0.21	0.05	0.10	41.04
C	0.27	35.45	3.03	0.81	60.02	0.15	0	0.27
D	35.27	23.57	1.73	39.38	0	0	0	0.05
E	0.38	53.16	0.04	0.01	0.41	0	0.13	45.87

注：A 为 SiO_2；B，E 为 FeS_2；C 为 ZnS；D 为 $CaSO_4$。

5.5 不同硫含量高硫渣氧压浸出锌、锗的因次分析

因次分析是通过现象中的物理量的因次以及因次之间相互联系的各种性质的分析来研究现象相似性的方法。它是以完整的物理方程式中各项的因次应相同的性质为基础的。本部分研究选取锌、锗作为有价成分代表，以锌、锗浸出率作为目标参数，分析实验的主要影响因素。利用因次分析法，获得锌、锗浸出率与实验条件之间的准数方程，这样可以直观地反映出各反应条件变化过程中对锌、锗浸出率影响的关系，通过简单的条件变量带入可以计算出相对应的锌、锗浸出率。

5.5.1 影响锌、锗浸出率的主要参数

首先建立锌、锗浸出率 w 数学模型，结合实验结果可知，高硫渣中不同硫含量和锌、锗浸出率 w 的高低受以下因素影响：

（1）锌、锗浸出率 w 随着浸出温度 T 的增加而增大，即 $w \propto T^a$；

（2）锌、锗浸出率 w 随着 Fe^{3+} 浓度 C_a 的增大而增大，即 $w \propto C_a^b$；

（3）锌、锗浸出率 w 随着氧分压 P_g 的增加而增大，即 $w \propto P_g^c$；

（4）锌、锗浸出率 w 随着初始酸度 C_h 的增加而增大，即 $w \propto C_h^d$；

（5）锌、锗浸出率 w 随着浸出时间 t 的增加而增大，即 $w \propto t^e$；

（6）锌、锗浸出率 w 随着液固比 l 的增加而增大，即 $w \propto l^f$。

根据理论分析和前人的研究表明，锌、锗浸出率 w 与釜的内径 d、搅拌转速 r、添加的木质素量 C、O_2 密度 ρ_g、O_2 黏度 μ_g、液体密度 ρ_l、液体黏度 μ_l 和重力加速度 g 等物理量有关。

由以上分析，利用因次分析法，可以得出一般的函数形式为：

$$w = f(\beta,\ C_a,\ P_g,\ C_h,\ t,\ l,\ d,\ r,\ C,\ \rho_g,\ \mu_g,\ \rho_l,\ \mu_l,\ g) \quad (5\text{-}3)$$

或

$$f(w,\ \beta,\ C_a,\ P_g,\ C_h,\ t,\ l,\ d,\ r,\ C,\ \rho_g,\ \mu_g,\ \rho_l,\ \mu_l,\ g) = 0 \quad (5\text{-}4)$$

变量因次表见表5-5。

表5-5 变量因次表

量纲	w	β	C_a	P_g	C_h	t	l	d	r	C	ρ_g	μ_g	ρ_l	μ_l	g
M	0	-1	1	1	1	0	1	0	0	1	1	1	1	1	0
L	0	-2	-3	-1	-3	0	-3	1	0	0	-3	-1	-3	-1	1
T	0	2	0	-2	0	1	0	0	-1	0	0	-1	0	-1	-2

由白金汉定理的原理可知，总变量数 $n=15$，独立变量数 $k=3$，可建立 $n-k=12$ 个无因次组合量。选取 d、C、g 为独立变量，此外 w 为无因次量，可直接表示。

$$\left.\begin{array}{l} \dim d = M^{\alpha_1} L^{\gamma_1} T^{\lambda_1} = M^0 L^1 T^0 \\ \dim C = M^{\alpha_2} L^{\gamma_2} T^{\lambda_2} = M^1 L^0 T^0 \\ \dim g = M^{\alpha_3} L^{\gamma_3} T^{\lambda_3} = M^0 L^1 T^{-2} \end{array}\right\} \tag{5-5}$$

$$\begin{vmatrix} \alpha_1 & \gamma_1 & \lambda_1 \\ \alpha_2 & \gamma_2 & \lambda_2 \\ \alpha_3 & \gamma_3 & \lambda_3 \end{vmatrix} = \begin{vmatrix} 0 & 1 & 0 \\ 1 & 0 & 0 \\ 0 & 1 & -2 \end{vmatrix} = -2 \neq 0 \tag{5-6}$$

因为式（5-6）不等于零，各个 Π 表达式如下。

$$\Pi_0 = d^{\alpha_0} C^{\gamma_0} g^{\lambda_0} w \tag{5-7}$$

$$\Pi_1 = d^{\alpha_1} C^{\gamma_1} g^{\lambda_1} \beta \tag{5-8}$$

$$\Pi_2 = d^{\alpha_2} C^{\gamma_2} g^{\lambda_2} C_a \tag{5-9}$$

$$\Pi_3 = d^{\alpha_3} C^{\gamma_3} g^{\lambda_3} P_g \tag{5-10}$$

$$\Pi_4 = d^{\alpha_4} C^{\gamma_4} g^{\lambda_4} C_h \tag{5-11}$$

$$\Pi_5 = d^{\alpha_5} C^{\gamma_5} g^{\lambda_5} t \tag{5-12}$$

$$\Pi_6 = d^{\alpha_6} C^{\gamma_6} g^{\lambda_6} l \tag{5-13}$$

$$\Pi_7 = d^{\alpha_7} C^{\gamma_7} g^{\lambda_7} r \tag{5-14}$$

$$\Pi_8 = d^{\alpha_8} C^{\gamma_8} g^{\lambda_8} \rho_g \tag{5-15}$$

$$\Pi_9 = d^{\alpha_9} C^{\gamma_9} g^{\lambda_9} \mu_g \tag{5-16}$$

$$\Pi_{10} = d^{\alpha_{10}} C^{\gamma_{10}} g^{\lambda_{10}} \rho_l \tag{5-17}$$

$$\Pi_{11} = d^{\alpha_{11}} C^{\gamma_{11}} g^{\lambda_{11}} \mu_l \tag{5-18}$$

对于 Π_0，代入相关变量的因次，可得关系式：

$$[M^0 L^0 T^0] = [L]^{\alpha_0} [M]^{\gamma_0} [LT^{-2}]^{\lambda_0} \tag{5-19}$$

由此可得方程组：

$$\left.\begin{array}{l} M: \ 0 = \gamma_0 \\ L: \ 0 = \alpha_0 + \lambda_0 \\ T: \ 0 = -2\lambda_0 \end{array}\right\} \tag{5-20}$$

解得 $\alpha_0 = 0$，$\gamma_0 = 0$，$\lambda_0 = 0$。故 $\Pi_0 = w$。

同理，Π_1：

$$[M^0 L^0 T^0] = [L]^{\alpha_1} [M]^{\gamma_1} [LT^{-2}]^{\lambda_1} [M^{-1} L^{-2} T^2] \tag{5-21}$$

方程组为：

$$
\left.
\begin{array}{l}
M: \ 0 = \gamma_1 - 1 \\
L: \ 0 = \alpha_1 + \lambda_1 - 2 \\
T: \ 0 = -2\lambda_1 + 2
\end{array}
\right\}
\tag{5-22}
$$

解得 $\alpha_1 = 1$，$\gamma_1 = 1$，$\lambda_1 = 1$。故 $\Pi_1 = dCg\beta$。

对于 Π_2：

$$
[M^0 L^0 T^0] = [L]^{\alpha_2} [M]^{\gamma_2} [LT^{-2}]^{\lambda_2} [ML^{-3}]
\tag{5-23}
$$

方程组为：

$$
\left.
\begin{array}{l}
M: \ 0 = \gamma_2 + 1 \\
L: \ 0 = \alpha_2 + \lambda_2 - 3 \\
T: \ 0 = -2\lambda_2
\end{array}
\right\}
\tag{5-24}
$$

解得 $\alpha_2 = 3$，$\gamma_2 = -1$，$\lambda_2 = 0$。故 $\Pi_2 = \dfrac{d^3 C_a}{C}$。

对于 Π_3：

$$
[M^0 L^0 T^0] = [L]^{\alpha_3} [M]^{\gamma_3} [LT^{-2}]^{\lambda_3} [ML^{-1}T^{-2}]
\tag{5-25}
$$

方程组为：

$$
\left.
\begin{array}{l}
M: \ 0 = \gamma_3 + 1 \\
L: \ 0 = \alpha_3 + \lambda_3 - 1 \\
T: \ 0 = -2\lambda_3 - 2
\end{array}
\right\}
\tag{5-26}
$$

解得 $\alpha_3 = 2$，$\gamma_3 = -1$，$\lambda_3 = -1$。故 $\Pi_3 = \dfrac{d^2 P_g}{Cg}$。

对于 Π_4：

$$
[M^0 L^0 T^0] = [L]^{\alpha_4} [M]^{\gamma_4} [LT^{-2}]^{\lambda_4} [ML^{-3}]
\tag{5-27}
$$

方程组为：

$$
\left.
\begin{array}{l}
M: \ 0 = \gamma_4 + 1 \\
L: \ 0 = \alpha_4 + \lambda_4 - 3 \\
T: \ 0 = -2\lambda_4
\end{array}
\right\}
\tag{5-28}
$$

解得 $\alpha_4 = 3$，$\gamma_4 = -1$，$\lambda_4 = 0$。故 $\Pi_4 = \dfrac{d^3 C_h}{C}$。

对于 Π_5：

$$
[M^0 L^0 T^0] = [L]^{\alpha_5} [M]^{\gamma_5} [LT^{-2}]^{\lambda_5} [T]
\tag{5-29}
$$

方程组为：

$$
\left.
\begin{array}{l}
M: \ 0 = \gamma_5 \\
L: \ 0 = \alpha_5 + \lambda_5 \\
T: \ 0 = -2\lambda_5 + 1
\end{array}
\right\}
\tag{5-30}
$$

解得 $\alpha_5 = -1/2$，$\gamma_5 = 0$，$\lambda_5 = 1/2$。故 $\Pi_5 = \dfrac{g^{\frac{1}{2}}}{d^{\frac{1}{2}}}t$。

对于 Π_6：

$$[M^0 L^0 T^0] = [L]^{\alpha_6}[M]^{\gamma_6}[LT^{-2}]^{\lambda_6}[ML^{-3}] \tag{5-31}$$

方程组为：

$$\left.\begin{array}{l} M:\ 0 = \gamma_6 + 1 \\ L:\ 0 = \alpha_6 - 2\lambda_6 - 3 \\ T:\ 0 = -2\lambda_6 \end{array}\right\} \tag{5-32}$$

解得 $\alpha_6 = 3$，$\gamma_6 = -1$，$\lambda_6 = 0$。故 $\Pi_6 = \dfrac{d^3}{C}l$。

对于 Π_7：

$$[M^0 L^0 T^0] = [L]^{\alpha_7}[M]^{\gamma_7}[LT^{-2}]^{\lambda_7}[T^{-1}] \tag{5-33}$$

方程组为：

$$\left.\begin{array}{l} M:\ 0 = \gamma_7 \\ L:\ 0 = \alpha_7 + \lambda_7 \\ T:\ 0 = -2\lambda_7 - 1 \end{array}\right\} \tag{5-34}$$

解得 $\alpha_7 = 1/2$，$\gamma_7 = 0$，$\lambda_7 = -1/2$。故 $\Pi_7 = \dfrac{d^{\frac{1}{2}}}{g^{\frac{1}{2}}}r$。

对于 Π_8：

$$[M^0 L^0 T^0] = [L]^{\alpha_8}[M]^{\gamma_8}[LT^{-2}]^{\lambda_8}[ML^{-3}] \tag{5-35}$$

方程组为：

$$\left.\begin{array}{l} M:\ 0 = \gamma_8 + 1 \\ L:\ 0 = \alpha_8 + \lambda_8 - 3 \\ T:\ 0 = -2\lambda_8 \end{array}\right\} \tag{5-36}$$

解得 $\alpha_8 = 3$，$\gamma_8 = -1$，$\lambda_8 = 0$。故 $\Pi_8 = \dfrac{d^3}{C}\rho_g$。

对于 Π_9：

$$[M^0 L^0 T^0] = [L]^{\alpha_9}[M]^{\gamma_9}[LT^{-2}]^{\lambda_9}[ML^{-1}T^{-1}] \tag{5-37}$$

方程组为：

$$\left.\begin{array}{l} M:\ 0 = \gamma_9 + 1 \\ L:\ 0 = \alpha_9 + \lambda_9 - 1 \\ T:\ 0 = -2\lambda_9 - 1 \end{array}\right\} \tag{5-38}$$

解得 $\alpha_9 = 3/2$，$\gamma_9 = -1$，$\lambda_9 = -1/2$。故 $\Pi_9 = \dfrac{d^{\frac{3}{2}}}{Cg^{\frac{1}{2}}}\mu_g$。

对于 Π_{10}：

$$[M^0 L^0 T^0] = [L]^{\alpha_{10}}[M]^{\gamma_{10}}[LT^{-2}]^{\lambda_{10}}[ML^{-3}] \tag{5-39}$$

方程组为：

$$\left.\begin{array}{l} M：0 = \gamma_{10} + 1 \\ L：0 = \alpha_{10} + \lambda_{10} - 3 \\ T：0 = -2\lambda_{10} \end{array}\right\} \tag{5-40}$$

解得 $\alpha_{10} = 3$，$\gamma_{10} = -1$，$\lambda_{10} = 0$。故 $\Pi_{10} = \dfrac{d^3}{C}\rho_1$。

对于 Π_{11}：

$$[M^0 L^0 T^0] = [L]^{\alpha_{11}}[M]^{\gamma_{11}}[LT^{-2}]^{\lambda_{11}}[ML^{-1}T^{-1}] \tag{5-41}$$

方程组为：

$$\left.\begin{array}{l} M：0 = \gamma_{11} + 1 \\ L：0 = \alpha_{11} + \lambda_{11} - 1 \\ T：0 = -2\lambda_{11} - 1 \end{array}\right\} \tag{5-42}$$

解得 $\alpha_{11} = 3/2$，$\gamma_{11} = -1$，$\lambda_{11} = -1/2$。故 $\Pi_{11} = \dfrac{d^{\frac{3}{2}}}{Cg^{\frac{1}{2}}}\mu_1$。

将各因次代入式（5-4），可得：

$$f\left(w,\ dCg\beta,\ \frac{d^3 C_a}{C},\ \frac{d^2 P_g}{Cg},\ \frac{d^3 C_h}{C},\ \frac{g^{\frac{1}{2}}t}{d^{\frac{1}{2}}},\ \frac{d^3 l}{C}\right) = 0 \tag{5-43}$$

为了得到锌、锗浸出率 w 的表达式，式（5-43）也可表示为：

$$w = f_1\left(dCg\beta,\ \frac{d^3 C_a}{C},\ \frac{d^2 P_g}{Cg},\ \frac{d^3 C_h}{C},\ \frac{g^{\frac{1}{2}}t}{d^{\frac{1}{2}}},\ \frac{d^3 l}{C}\right) \tag{5-44}$$

准数关系式一般可以表示为幂函数的形式，式（5-44）可表示为：

$$w = k(dCg\beta)^a\left(\frac{d^3 C_a}{C}\right)^b\left(\frac{d^2 P_g}{Cg}\right)^c\left(\frac{d^3 C_h}{C}\right)^d\left(\frac{g^{\frac{1}{2}}t}{d^{\frac{1}{2}}}\right)^e\left(\frac{d^3 l}{C}\right)^f \tag{5-45}$$

式中，k，a，b，c，d，e，f 为拟合系数。

将式（5-45）两边求对数得：

$$\ln w = \ln k + a\ln(dCg\beta) + b\ln\left(\frac{d^3 C_a}{C}\right) + c\ln\left(\frac{d^2 P_g}{Cg}\right) + d\ln\left(\frac{d^3 C_h}{C}\right) + e\ln\left(\frac{g^{\frac{1}{2}}t}{d^{\frac{1}{2}}}\right) + f\ln\left(\frac{d^3 l}{C}\right)$$

$$\tag{5-46}$$

5.5.2　在不同条件下高硫渣直接氧压浸出锌、锗的因次分析

将本实验中的定值 $d = 0.085$ m，$C = 5 \times 10^{-5}$ kg，$g = 9.8$ m/s^2 代入式（5-46）中进行整理。将高硫渣直接氧压浸出实验过程中得到的数据（表 5-6）进行拟合，表 5-6 中 w_1、w_2 分别为 Zn、Ge 的浸出率拟合结果，如图 5-20 所示。

表 5-6　高硫渣直接氧压浸出实验中锌、锗浸出率的实验数据

w_1 /%	w_2 /%	β /s$^2 \cdot$ kg$^{-1} \cdot$ m^{-2}	C_a /kg $\cdot$ m^{-3}	P_g /kg $\cdot$ m$^{-1} \cdot$ s^{-2}	C_h /kg $\cdot$ m^{-3}	t /s	l /kg $\cdot$ m^{-3}
51.56	21.38	1.71×10^{20}	0	1.0×10^6	180	7200	166.67
52.73	23.01	1.71×10^{20}	2	1.0×10^6	180	7200	166.67
55.17	25.52	1.71×10^{20}	4	1.0×10^6	180	7200	166.67
58.47	28.36	1.71×10^{20}	8	1.0×10^6	180	7200	166.67
59.06	31.82	1.71×10^{20}	10	1.0×10^6	180	7200	166.67
24.05	18.37	1.71×10^{20}	8	1.0×10^6	180	1800	166.67
41.73	23.55	1.71×10^{20}	8	1.0×10^6	180	3600	166.67
57.18	30.72	1.71×10^{20}	8	1.0×10^6	180	5400	166.67
59.42	31.33	1.71×10^{20}	8	1.0×10^6	180	9000	166.67
25.59	9.15	1.84×10^{20}	8	1.0×10^6	180	7200	166.67
31.34	12.39	1.80×10^{20}	8	1.0×10^6	180	7200	166.67
44.19	17.20	1.75×10^{20}	8	1.0×10^6	180	7200	166.67
51.81	22.51	1.67×10^{20}	8	1.0×10^6	180	7200	166.67
27.00	15.13	1.71×10^{20}	8	0.4×10^6	180	7200	166.67
35.84	16.76	1.71×10^{20}	8	0.6×10^6	180	7200	166.67
46.33	18.22	1.71×10^{20}	8	0.8×10^6	180	7200	166.67
51.56	21.38	1.71×10^{20}	8	1.2×10^6	180	7200	166.67
25.30	13.23	1.71×10^{20}	8	1.0×10^6	180	7200	333.33
30.65	14.83	1.71×10^{20}	8	1.0×10^6	180	7200	250.00
39.61	19.06	1.71×10^{20}	8	1.0×10^6	180	7200	200.00
53.05	22.59	1.71×10^{20}	8	1.0×10^6	180	7200	142.86
25.99	19.62	1.71×10^{20}	8	1.0×10^6	120	7200	166.67
33.19	22.48	1.71×10^{20}	8	1.0×10^6	140	7200	166.67
43.80	27.72	1.71×10^{20}	8	1.0×10^6	160	7200	166.67
57.41	33.21	1.71×10^{20}	8	1.0×10^6	200	7200	166.67

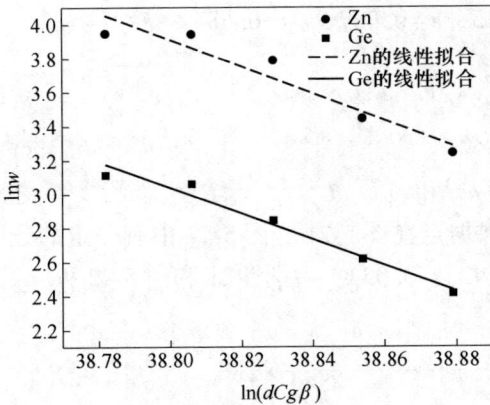

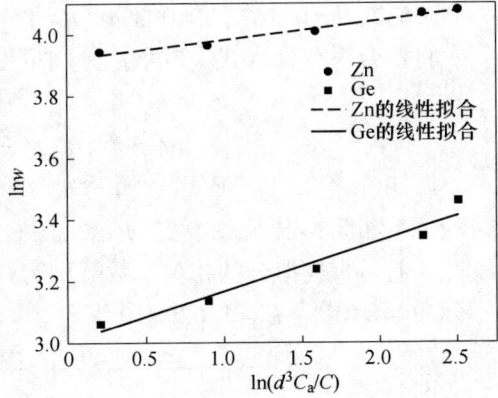

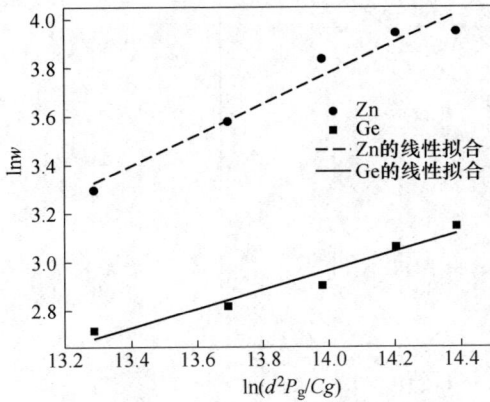

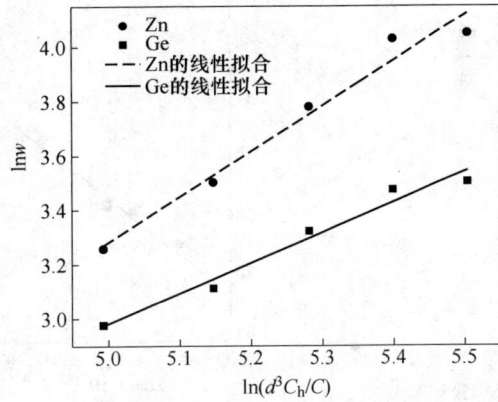

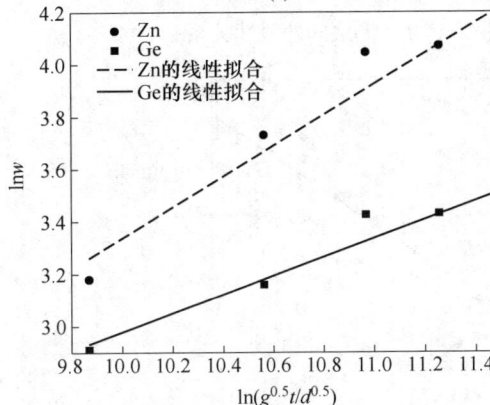

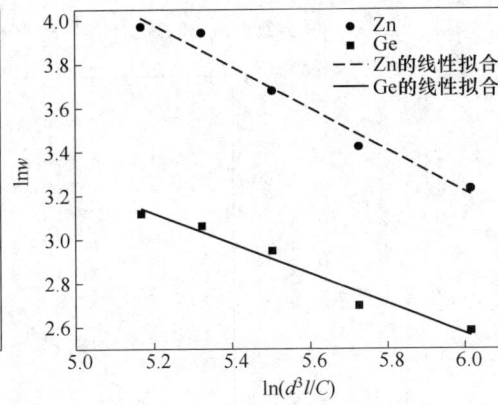

图 5-20　$\ln w_1$、$\ln w_2$ 和 $\ln(dCg\beta)$（a）；$\ln(d^3C_a/C)$（b）；$\ln(d^2P_g/Cg)$（c）；

$\ln(d^3C_h/C)$（d）；$\ln(g^{0.5}t/d^{0.5})$（e）；$\ln(d^3l/C)$（f）之间的线性关系

由图 5-20 中拟合得到的斜率可计算出 Zn 浸出率 w_1 拟合系数：$a=-7.918$、

$b=0.062$、$c=0.634$、$d=1.670$、$e=0.589$、$f=-0.950$；Ge 浸出率 w_2 拟合系数：

$a = -7.632$、$b = 0.162$、$c = 0.394$、$d = 1.115$、$e = 0.357$、$f = -0.684$。

将拟合系数代入式（5-45）分别可得：

$$w_1 = k_1 \beta^{-7.918} C_a^{0.062} P_g^{0.634} C_h^{1.670} t^{0.589} l^{-0.950} \tag{5-47}$$

$$w_2 = k_2 \beta^{-7.632} C_a^{0.162} P_g^{0.394} C_h^{1.115} t^{0.357} l^{-0.684} \tag{5-48}$$

w_1 和 $\beta^{-7.918} C_a^{0.062} P_g^{0.634} C_h^{1.670} t^{0.589} l^{-0.950}$、$w_2$ 和 $\beta^{-7.632} C_a^{0.162} P_g^{0.394} C_h^{1.115} t^{0.357} l^{-0.684}$ 之间的关系如图 5-21 和图 5-22 所示。虽然数据点在图 5-21 和图 5-22 中有一定的分散性，但是直线拟合的相关系数分别为 0.923、0.953。由图 5-21 图 5-22 可知，$k_1 = 1.144 \times 10^{154}$、$k_2 = 1.025 \times 10^{151}$。

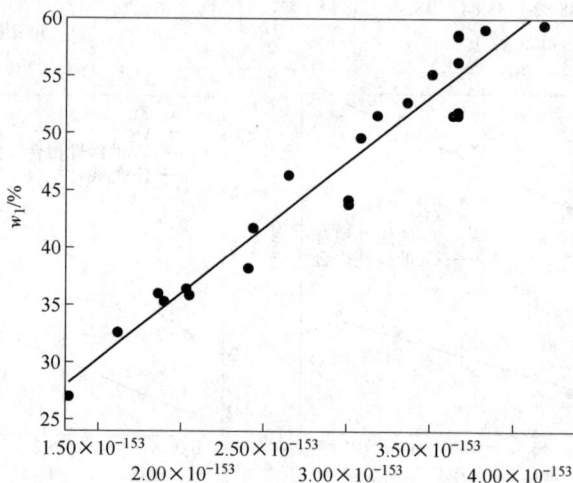

图 5-21　w_1 和 $\beta^{-7.918} C_a^{0.062} P_g^{0.634} C_h^{1.670} t^{0.589} l^{-0.950}$ 之间的线性关系

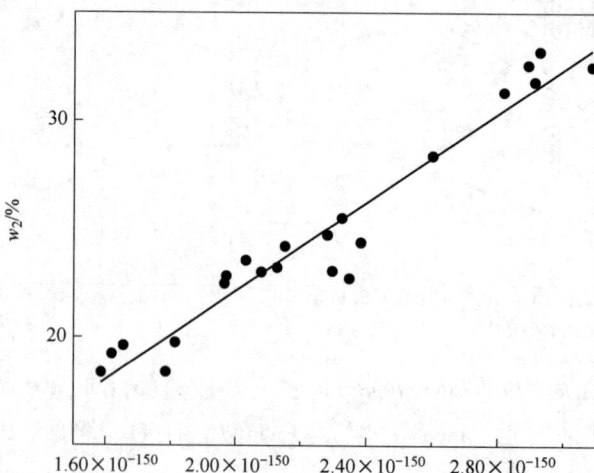

图 5-22　w_2 和 $\beta^{-7.632} C_a^{0.162} P_g^{0.394} C_h^{1.115} t^{0.357} l^{-0.684}$ 之间的线性关系

将统计热力学温度 β 换算为热力学温度 T 后，即可得到高硫渣直接氧压浸出实验 Zn 浸出率 w_1、Ge 浸出率 w_2 与反应条件之间的经验公式，其标准方程为：

$$w_1 = 1.131 \times 10^{-27} T^{7.918} C_a^{0.062} P_g^{0.634} C_h^{1.670} t^{0.589} l^{-0.950} \tag{5-49}$$

$$w_2 = 3.498 \times 10^{-24} T^{7.632} C_a^{0.162} P_g^{0.394} C_h^{1.115} t^{0.357} l^{-0.684} \tag{5-50}$$

该准数方程的适用范围和条件为当高硫渣中单质硫的含量为 50% 左右时，对高硫渣进行氧压浸出时，通过给定的温度、Fe^{3+} 浓度、初始酸度、氧分压、时间和液固比等浸出条件可对锌、锗浸出率的实验结果进行预测。

5.5.3　在不同条件下高硫渣脱硫 50%-氧压浸出锌、锗的因次分析

将本实验中的定值 $d = 0.085$ m，$C = 5 \times 10^{-5}$ kg，$g = 9.8$ m/s^2 代入式（5-46）进行整理。将高硫渣脱硫 50%-氧压浸出实验过程中得到的数据（表 5-7）进行拟合，表 5-7 中 w_1、w_2 分别为 Zn、Ge 的浸出率，拟合结果如图 5-23 所示。

表 5-7　高硫渣脱硫 50%-氧压浸出实验中锌、锗浸出率的实验数据

w_1 /%	w_2 /%	β /s$^2 \cdot$ kg$^{-1} \cdot$ m^{-2}	C_a /kg $\cdot$ m^{-3}	P_g /kg $\cdot$ m$^{-1} \cdot$ s^{-2}	C_h /kg $\cdot$ m^{-3}	t /s	l /kg $\cdot$ m^{-3}
47.44	14.44	1.71×10^{20}	0	1.0×10^6	180	7200	166.67
57.01	25.37	1.71×10^{20}	2	1.0×10^6	180	7200	166.67
57.52	42.58	1.71×10^{20}	4	1.0×10^6	180	7200	166.67
71.07	51.11	1.71×10^{20}	8	1.0×10^6	180	7200	166.67
71.76	51.78	1.71×10^{20}	10	1.0×10^6	180	7200	166.67
43.25	17.14	1.71×10^{20}	8	1.0×10^6	180	1800	166.67
55.54	24.62	1.71×10^{20}	8	1.0×10^6	180	3600	166.67
65.98	30.98	1.71×10^{20}	8	1.0×10^6	180	5400	166.67
71.12	51.86	1.71×10^{20}	8	1.0×10^6	180	9000	166.67
49.37	32.85	1.80×10^{20}	8	1.0×10^6	180	7200	166.67
63.69	42.58	1.75×10^{20}	8	1.0×10^6	180	7200	166.67
72.56	51.78	1.67×10^{20}	8	1.0×10^6	180	7200	166.67
45.07	23.95	1.71×10^{20}	8	0.4×10^6	180	7200	166.67
47.39	33.67	1.71×10^{20}	8	0.6×10^6	180	7200	166.67
59.58	36.22	1.71×10^{20}	8	0.8×10^6	180	7200	166.67
72.52	51.26	1.71×10^{20}	8	1.2×10^6	180	7200	166.67
47.39	22.75	1.71×10^{20}	8	1.0×10^6	180	7200	333.33
50.83	31.50	1.71×10^{20}	8	1.0×10^6	180	7200	250.00
64.85	42.13	1.71×10^{20}	8	1.0×10^6	180	7200	200.00
73.15	51.93	1.71×10^{20}	8	1.0×10^6	180	7200	142.86
44.10	16.16	1.71×10^{20}	8	1.0×10^6	120	7200	166.67
50.50	25.44	1.71×10^{20}	8	1.0×10^6	140	7200	166.67
64.10	38.69	1.71×10^{20}	8	1.0×10^6	160	7200	166.67
71.17	51.19	1.71×10^{20}	8	1.0×10^6	200	7200	166.67

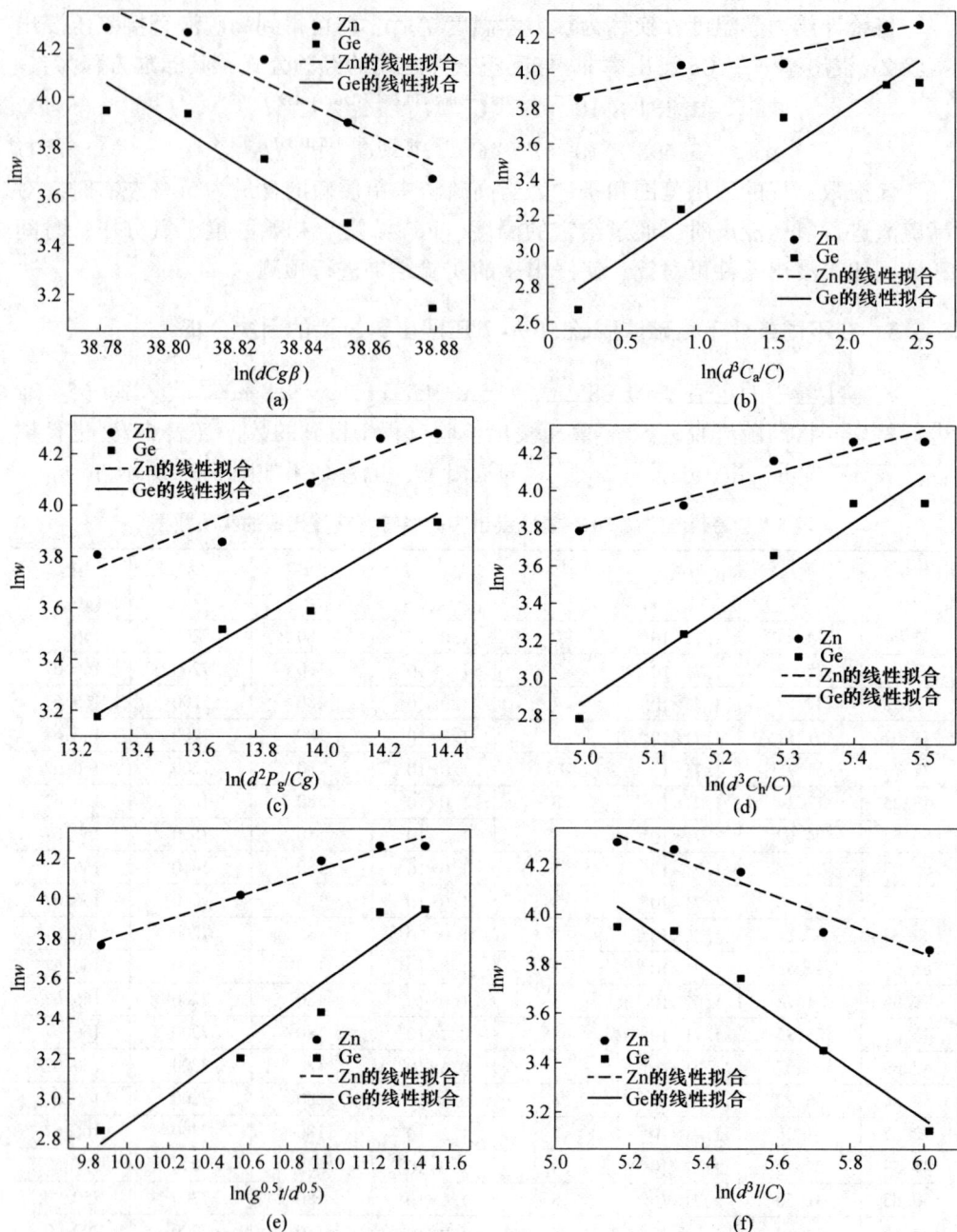

图 5-23　$\ln w_1$、$\ln w_2$ 和 $\ln(dCg\beta)$（a）；$\ln(d^3C_a/C)$（b）；$\ln(d^2P_g/Cg)$（c）；
$\ln(d^3C_h/C)$（d）；$\ln(g^{0.5}t/d^{0.5})$（e）；$\ln(d^3l/C)$（f）之间的线性关系

　　由图 5-23 中拟合得到的斜率可计算出 Zn 浸出率 w_1 拟合系数：$a = -6.584$、$b = 0.176$、$c = 0.491$、$d = 1.034$、$e = 0.328$、$f = -0.574$；Ge 浸出率 w_2 拟合系数：

$a = -8.469$、$b = 0.557$、$c = 0.718$、$d = 2.369$、$e = 0.729$、$f = -1.034$。

将拟合系数代入式（5-45）分别可得：

$$w_1 = k_1 \beta^{-6.584} C_a^{0.176} P_g^{0.491} C_h^{1.034} t^{0.328} l^{-0.574} \tag{5-51}$$

$$w_2 = k_2 \beta^{-8.469} C_a^{0.557} P_g^{0.718} C_h^{2.369} t^{0.729} l^{-1.034} \tag{5-52}$$

w_1 和 $\beta^{-6.584} C_a^{0.176} P_g^{0.491} C_h^{1.034} t^{0.328} l^{-0.574}$、$w_2$ 和 $\beta^{-8.469} C_a^{0.557} P_g^{0.718} C_h^{2.369} t^{0.729} l^{-1.034}$ 之间的关系如图 5-24 和图 5-25 所示。虽然数据点在图 5-24 和图 5-25 中有一定的分散性，但是直线拟合的相关系数分别为 0.923、0.953。由图 5-24 和图 5-25 可以得到，$k_1 = 4.094 \times 10^{129}$、$k_2 = 2.370 \times 10^{162}$。

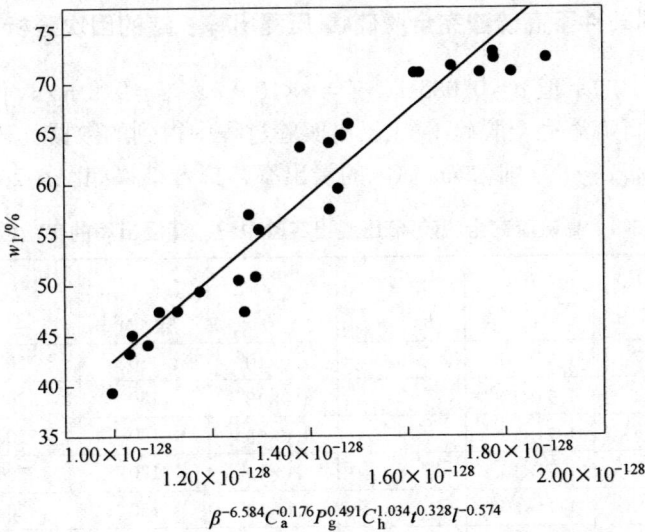

图 5-24　w_1 和 $\beta^{-6.584} C_a^{0.176} P_g^{0.491} C_h^{1.034} t^{0.328} l^{-0.574}$ 之间的线性关系

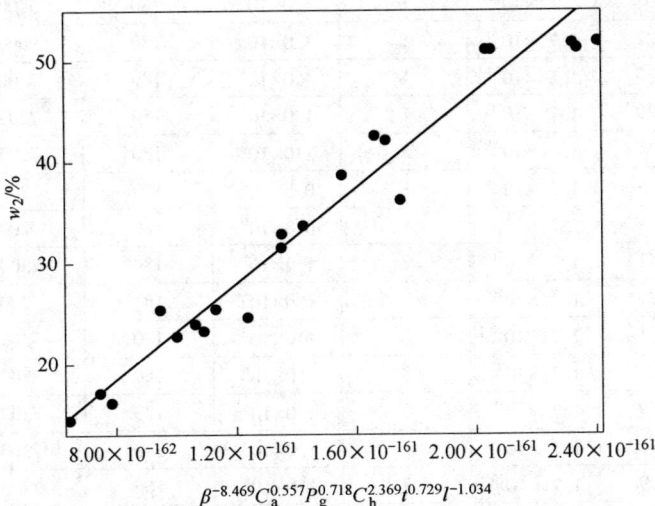

图 5-25　w_2 和 $\beta^{-8.469} C_a^{0.557} P_g^{0.718} C_h^{2.369} t^{0.729} l^{-1.034}$ 之间的线性关系

将统计热力学温度 β 换算为热力学温度 T 后，即可得到高硫渣脱硫 50%-氧压浸出实验 Zn 浸出率 w_1、Ge 浸出率 w_2 与反应条件之间的经验公式，其标准方程为：

$$w_1 = 1.266 \times 10^{-21} T^{6.584} C_a^{0.176} P_g^{0.491} C_h^{1.034} t^{0.328} l^{-0.574} \tag{5-53}$$

$$w_2 = 5.945 \times 10^{-32} T^{8.469} C_a^{0.557} P_g^{0.718} C_h^{2.369} t^{0.729} l^{-1.034} \tag{5-54}$$

该准数方程的适用条件为当高硫渣中单质硫的含量为 25% 左右时，对其进行氧压浸出时，通过给定的温度、Fe^{3+} 浓度、初始酸度、氧分压、时间和液固比等浸出条件可对锌、锗浸出率的实验结果进行预测。

5.5.4　在不同条件下高硫渣完全脱硫-氧压浸出锌、锗的因次分析

将本实验中的定值 $d = 0.085$ m，$C = 5 \times 10^{-5}$ kg，$g = 9.8$ m/s^2 代入式（5-46）进行整理。将高硫渣完全脱硫-氧压浸出实验过程中得到的数据（表 5-8）进行拟合，表 5-8 中 w_1、w_2 分别为 Zn、Ge 的浸出率，拟合结果如图 5-26 所示。

表 5-8　高硫渣完全脱硫-氧压浸出实验中锌、锗浸出率的实验数据

w_1 /%	w_2 /%	β /s$^2 \cdot$ kg$^{-1} \cdot$ m^{-2}	C_a /kg $\cdot$ m^{-3}	P_g /kg $\cdot$ m$^{-1} \cdot$ s^{-2}	C_h /kg $\cdot$ m^{-3}	t /s	l /kg $\cdot$ m^{-3}
67.28	40.77	1.71×10^{20}	0	1.0×10^6	180	7200	166.67
77.38	55.72	1.71×10^{20}	2	1.0×10^6	180	7200	166.67
89.86	63.35	1.71×10^{20}	4	1.0×10^6	180	7200	166.67
97.73	82.11	1.71×10^{20}	8	1.0×10^6	180	7200	166.67
95.95	82.68	1.71×10^{20}	10	1.0×10^6	180	7200	166.67
77.09	50.12	1.71×10^{20}	8	1.0×10^6	180	3600	166.67
87.19	60.68	1.71×10^{20}	8	1.0×10^6	180	5400	166.67
95.80	81.22	1.71×10^{20}	8	1.0×10^6	180	9000	166.67
80.06	52.35	1.80×10^{20}	8	1.0×10^6	180	7200	166.67
89.42	58.20	1.75×10^{20}	8	1.0×10^6	180	7200	166.67
98.77	82.37	1.67×10^{20}	8	1.0×10^6	180	7200	166.67
80.21	46.18	1.71×10^{20}	8	0.6×10^6	180	7200	166.67
92.83	55.78	1.71×10^{20}	8	0.8×10^6	180	7200	166.67
97.73	81.41	1.71×10^{20}	8	1.2×10^6	180	7200	166.67
78.71	56.99	1.71×10^{20}	8	1.0×10^6	180	7200	250.00
91.20	62.71	1.71×10^{20}	8	1.0×10^6	180	7200	200.00
97.29	81.86	1.71×10^{20}	8	1.0×10^6	180	7200	142.86
74.12	52.79	1.71×10^{20}	8	1.0×10^6	120	7200	166.67
84.07	58.90	1.71×10^{20}	8	1.0×10^6	140	7200	166.67
89.24	70.09	1.71×10^{20}	8	1.0×10^6	160	7200	166.67
96.84	81.73	1.71×10^{20}	8	1.0×10^6	200	7200	166.67

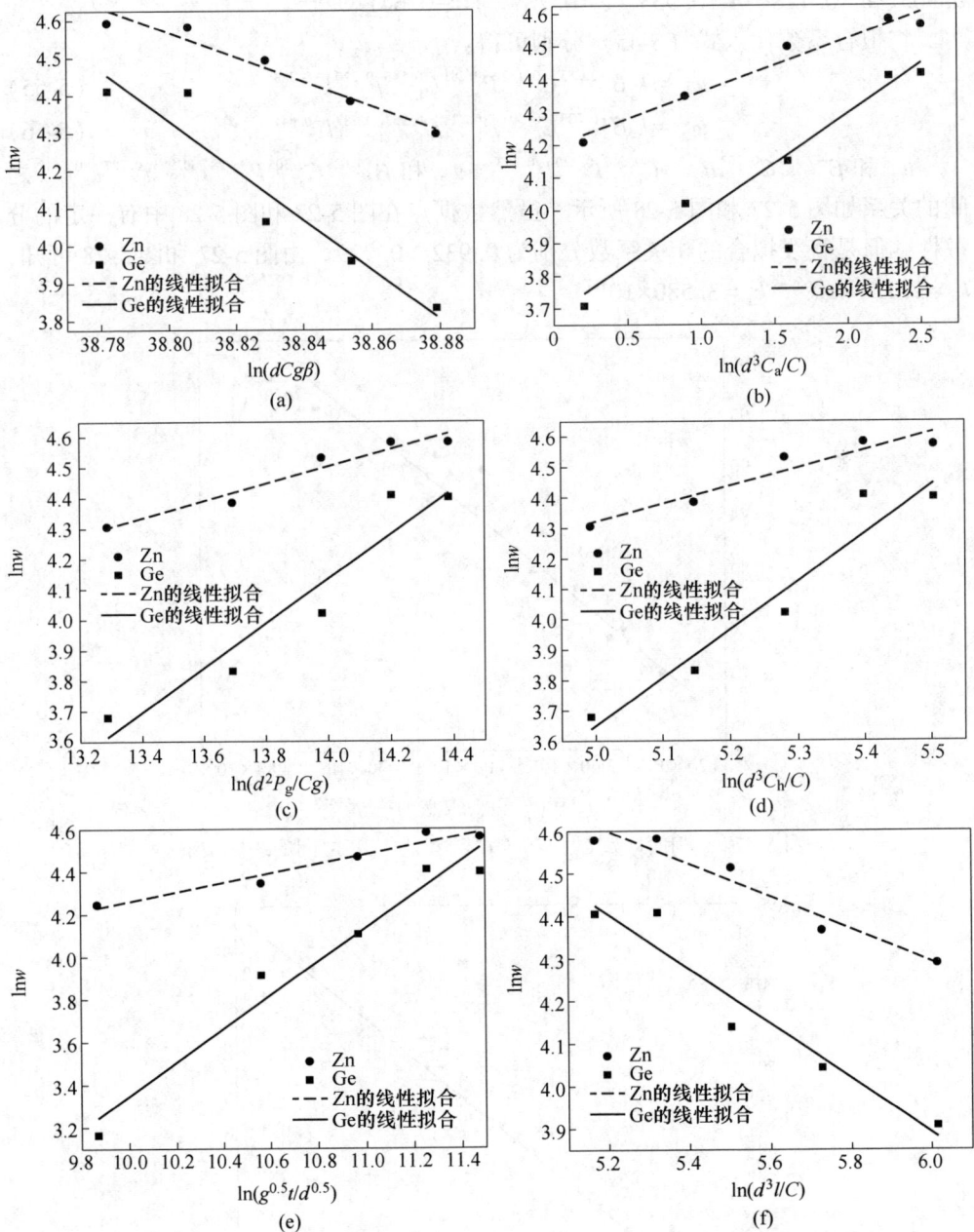

图 5-26　$\ln w_1$、$\ln w_2$ 和 $\ln(dCg\beta)$（a）；$\ln(d^3C_a/C)$（b）；$\ln(d^2P_g/Cg)$（c）；
$\ln(d^3C_h/C)$（d）；$\ln(g^{0.5}t/d^{0.5})$（e）；$\ln(d^3l/C)$（f）之间的线性关系

由图 5-26 中拟合得到的斜率可计算出 w_1 拟合系数：$a = -3.283$、$b = 0.162$、
$c = 0.281$、$d = 0.546$、$e = 0.220$、$f = -0.383$；w_2 拟合系数：$a = -6.628$、$b = $

0. 305、$c = 0.728$、$d = 0.953$、$e = 0.787$、$f = -0.641$。

将拟合系数代入式（5-45）分别可得：

$$w_1 = k_1 \beta^{-3.283} C_a^{0.162} P_g^{0.281} C_h^{0.546} t^{0.220} l^{-0.383} \tag{5-55}$$

$$w_2 = k_2 \beta^{-6.628} C_a^{0.305} P_g^{0.728} C_h^{0.953} t^{0.787} l^{-0.641} \tag{5-56}$$

w_1 和 $\beta^{-3.283} C_a^{0.162} P_g^{0.281} C_h^{0.546} t^{0.220} l^{-0.383}$、$w_2$ 和 $\beta^{-6.628} C_a^{0.305} P_g^{0.728} C_h^{0.953} t^{0.787} l^{-0.641}$ 之间的关系如图 5-27 和图 5-28 所示。虽然数据点在图 5-27 和图 5-28 中有一定的分散性，但是直线拟合的相关系数分别为 0.932、0.929。由图 5-27 和图 5-28 可知，$k_1 = 2.121 \times 10^{65}$、$k_2 = 3.580 \times 10^{127}$。

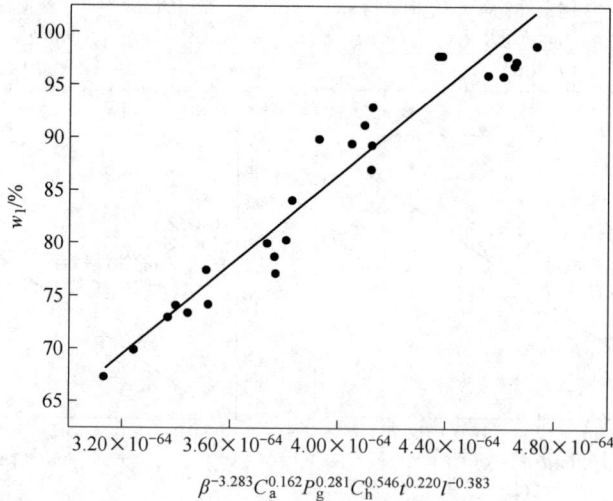

图 5-27　w_1 和 $\beta^{-3.283} C_a^{0.162} P_g^{0.281} C_h^{0.546} t^{0.220} l^{-0.383}$ 之间的线性关系

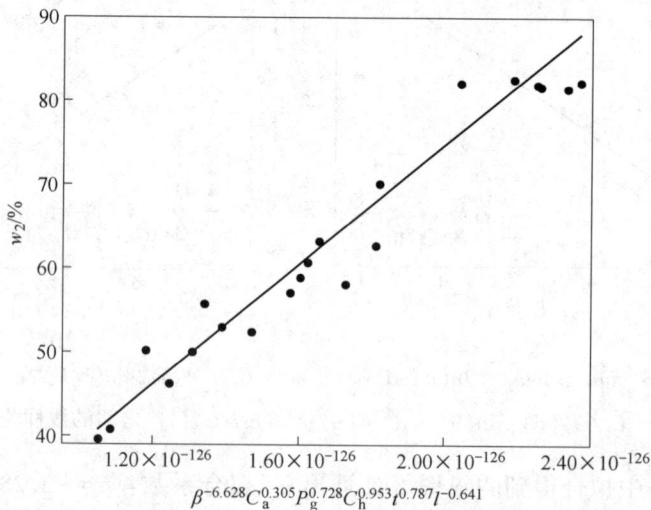

图 5-28　w_2 和 $\beta^{-6.628} C_a^{0.305} P_g^{0.728} C_h^{0.953} t^{0.787} l^{-0.641}$ 之间的线性关系

将统计热力学温度 β 换算为热力学温度 T 后, 即可得到高硫渣完全脱硫-氧压浸出实验 Zn 浸出率 w_1、Ge 浸出率 w_2 与反应条件之间的经验公式, 其标准方程为:

$$w_1 = 1.894 \times 10^{-10} T^{3.283} C_a^{0.162} P_g^{0.281} C_h^{0.546} t^{0.220} l^{-0.383} \tag{5-57}$$

$$w_2 = 1.092 \times 10^{-24} T^{6.628} C_a^{0.305} P_g^{0.728} C_h^{0.953} t^{0.787} l^{-0.641} \tag{5-58}$$

上述因次分析得到的准数方程是在 5.3 节实验数据的基础上得到的, 对于本书中不同硫含量的高硫渣氧压浸出实验研究的锌、锗浸出率, 只要给定相关的 Fe^{3+} 浓度、浸出温度、液固比、氧分压、浸出时间、初始酸度, 可利用上述准数方程预测出锌、锗浸出率, 为高硫渣有价组分的综合回收提供理论参考。

5.5.5 因次分析的验证

分别将不同硫含量的高硫渣氧压浸出实验中的 T, C_a, P_g, C_h, t, l 代入其准数方程得到理论值, 并与相同条件下得到的实际值进行比较, 分别得到图 5-29~图 5-31。

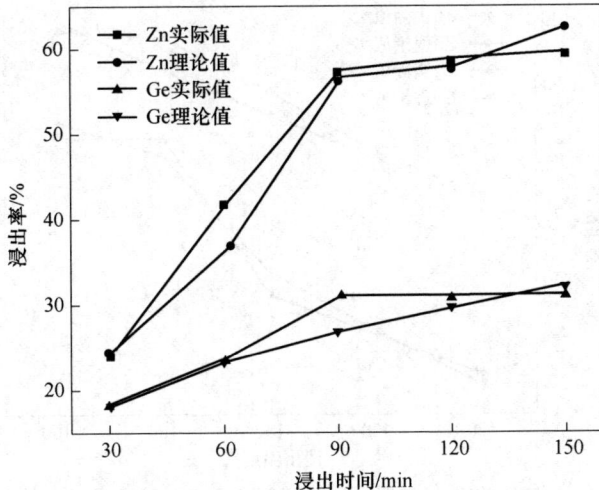

图 5-29 高硫渣直接氧压浸出实验不同浸出时间下理论值与实际值的比较

($T = 150\ ℃$, $C_a = 8\ g/L$, $P_g = 1.0\ MPa$, $C_h = 180\ g/L$, $l = 6:1\ mL/g$)

从图 5-29~图 5-31 可以看出, 准数方程得到的理论值与实验结果误差较小, 个别点稍有误差, 准数方程基本可靠, 可以用于预测实验结果。出现误差的原因可能为: 实验过程中高压釜对温度的控制精度不够准确; 搅拌速度较快造成部分浸出矿浆溅到内壁上; 浸出液取出检测时实验人员操作也会带来误差以及可能忽略了剩余相似准数引起的微小影响等。

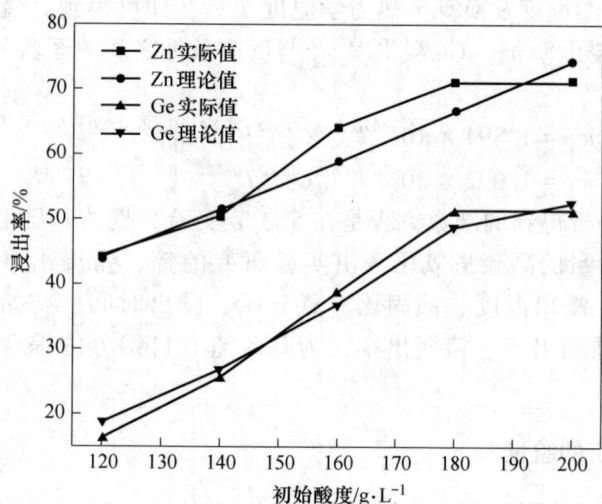

图 5-30　高硫渣脱硫 50%-氧压浸出实验不同初始酸度下理论值与实际值的比较
（$T = 150\ ℃$，$C_a = 8\ \text{g/L}$，$P_g = 1.0\ \text{MPa}$，$t = 120\ \text{min}$，$l = 6 : 1\ \text{mL/g}$）

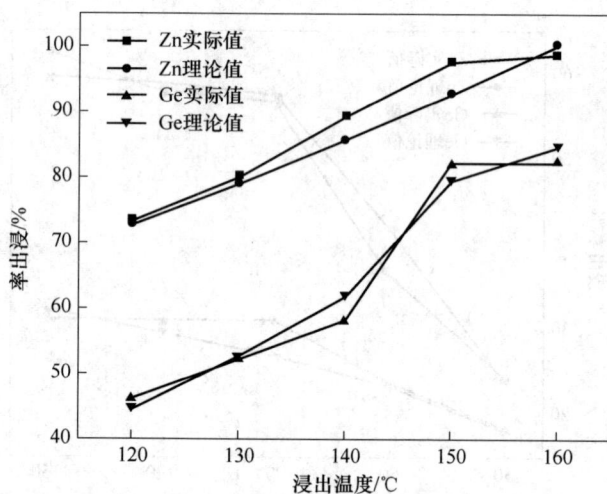

图 5-31　高硫渣完全脱硫-氧压浸出实验不同浸出温度下理论值与实际值的比较
（$C_a = 8\ \text{g/L}$，$P_g = 1.2\ \text{MPa}$，$C_h = 180\ \text{g/L}$，$t = 120\ \text{min}$，$l = 6 : 1\ \text{mL/g}$）

参考文献

[1] 《化工百科全书》编辑委员会. 化工百科全书[M]. 北京：化学工业出版社，1996.

[2] Greenwood N N, Earnshaw A. 元素化学（中册）[M]. 北京：高等教育出版社，1996.

[3] 大连理工大学无机化学教研室. 无机化学（下册）[M]. 北京：高等教育出版社，1990.

[4] 中国化学矿业学会. 我国硫资源供需形势分析及对策建议 [J]. 化工矿物与加工，2004 (6)：1-2.

[5] 鲍荣华，郭小兵. 世界硫资源及其开发利用[J]. 化肥工业，2018，45（2）：6-9.

[6] 唐昭峥，毛兴民. 国外硫黄回收和尾气处理技术进展综述 [J]. 齐鲁石油化工，1996，24（4）：302-311.

[7] 张义玲，李文波，唐昭峥. 硫回收技术进展评述 [J]. 炼油与化工，2003，14（1）：9-12.

[8] 孙培梅，魏岱金，李洪桂，等. 铜渣氯浸渣中有价元素分离富集工艺 [J]. 中南大学学报：自然科学版，2005，36（1）：38-43.

[9] 章青. 氧压酸浸锌渣中单质硫的回收研究 [D]. 赣州：江西理工大学，2014.

[10] 唐昭峥，毛兴民. 我国硫黄回收技术的进步 [J]. 石油化工环境保护，1996（1）：22-26.

[11] 李竞菲. 煤油对含铜金精矿热压酸浸工艺过程浸铜渣回收单质硫的工艺研究 [D]. 厦门：厦门大学，2008.

[12] Halfyard J E, Hawboldt K. Separation of elemental sulfur from hydrometallurgical residue: a review [J]. Hydrometallurgy, 2011, 109 (1): 80-89.

[13] 王礼康. 硫在中国非农业方面中的应用 [J]. 硫酸工业，1994（1）：17-18.

[14] 郭德威. 无机化学丛书 [M]. 北京：科学出版社，1990.

[15] 彭兴华. 某矿山硫尾矿的综合回收试验研究 [D]. 武汉：武汉科技大学，2016.

[16] 胡文宾，高淑美，郝国阳，等. 硫黄的几种专门应用 [J]. 精细石油化工，2000（5）：23-25.

[17] 徐文渊. 天然气中硫资源的利用：硫黄混凝土和硫黄沥青 [J]. 石油与天然气化工，2004（5）：26-29.

[18] 赵增泰. 硫黄和硫酸供需预测及硫黄的用途：2000 年国际硫黄和硫酸会议侧记（Ⅰ）[J]. 硫酸工业，2001（2）：1-10.

[19] 张宝财. 国际硫黄市场动态及硫资源的新应用 [J]. 硫磷设计与粉体工程，2011（3）：45-48.

[20] 赵奎涛，张艳松，丛殿阁，等. 全球硫资源供需形势分析 [J]. 中国矿业，2018，27（9）：11-15.

[21] 司斌. 2019 年中国硫黄市场数据统计与分析 [J]. 硫酸工业，2020（2）：1-4.

[22] 梅光贵. 湿法炼锌学 [M]. 长沙：中南大学出版社，2001.

[23] 徐志峰，邱定蕃，王海北. 铁闪锌矿加压浸出动力学 [J]. 过程工程学报，2008，8（1）：28-34.

[24] Gupta B, Deep A, Malik P. Liquid-liquid extraction and recovery of indium using Cyanex 923

　　　　[J]. Analytica Chimica Acta, 2004, 513 (2): 463-471.

[25] Markus H, Fugleberg S, Valtakari D, et al. Reduction of ferric to ferrous with sphalerite concentrate, kinetic modelling[J]. Hydrometallurgy, 2004, 73 (3): 269-282.

[26] Baldwin S A, Demopoulos G P, Papangelakis V G. Mathematical modeling of the zinc pressure leach process [J]. Metallurgical & Materials Transactions B, 1995, 26 (5): 1035-1047.

[27] Perez I P, Dutrizac J E. The effect of the iron content of sphalerite on its rate of dissolution in ferric sulphate and ferric chloride media [J]. Hydrometallurgy, 1991, 26 (2): 211-232.

[28] Harvey T J, Tai Yen W, Paterson J G. A kinetic investigation into the pressure oxidation of sphalerite from a complex concentrate [J]. Minerals Engineering, 1993, 6 (8): 949-967.

[29] 褚丽娟. 从硫化锌加压酸浸渣中提取硫黄的工艺研究 [D]. 昆明: 昆明理工大学, 2011.

[30] Forward F A, Veltman H. Direct leaching zinc-sulfide concentrates by Sherritt Gordon [J]. JOM, 1959, 11 (12): 836-840.

[31] 王吉坤, 周廷熙, 吴锦梅. 高铁闪锌矿精矿加压酸浸新工艺研究 [J]. 有色金属: 冶炼部分, 2004 (1): 5-8.

[32] 徐志峰, 邱定蕃, 卢惠民, 等. 锌精矿氧压酸浸过程的研究进展 [J]. 有色金属工程, 2005 (2): 102-106.

[33] Buban K, Collins M, Masters I. Iron control in zinc pressure leach processes [J]. Journal of the Minerals, Metals and Materials Socie, 1999, 51 (12): 23-25.

[34] Fillippou D, Kondurn R, Demopoulos G P. A kine tic study on the acid pressure leaching of pyrrhotite [J]. Hydrometallurgy, 1997, 47 (1): 1-18.

[35] 邓孟俐. 硫化锌精矿加压浸出元素硫的形成机理及硫回收工艺的研究 [J]. 工程设计与研究, 2008 (2): 14-18.

[36] Ozberk E, Colljns M, Makwana M, et al. Zinc pressure leaching at the Ruhr-zink refinery [J]. Hydrometallurgy, 1995, 39 (1): 53-61.

[37] Ozberk E, Jankola W, Vecchiarelli M, et a1. Commercial operations of the Sherritt zinc pressure leach process [J]. Hydrometallurgy, 1995, 39 (1): 49-52.

[38] Kawulka P, Haffenden W J, Mackiw V N. Recovery of zinc from zinc sulphides by direct pressure leaching: US, PH10596A[P]. 1984-01-26.

[39] 李振华. 闪锌矿氧压酸浸浸出渣中回收单质硫的试验研究 [D]. 昆明: 昆明理工大学, 2008.

[40] Owusu G, Dreisinger D B, Peters E. Interfacial effects of surface-active agents under zinc pressure leach conditions [J]. Metallurgical & Materials Transactions B, 1995, 26 (1): 5-12.

[41] 李精佳, 陈家镛. 锌精矿加压氧化酸浸过程中添加剂的作用 [J]. 有色金属工程, 1987 (2): 65-71.

[42] 王吉坤, 周廷熙. 高铁硫化锌精矿加压浸出研究及产业化 [J]. 有色金属: 冶炼部分, 2006 (2): 24-27.

[43] 王海北, 蒋开喜, 施友富, 等. 硫化锌精矿加压酸浸新工艺研究 [J]. 有色金属: 冶炼

部分，2004（5）：2-5.

[44] 徐志峰，江庆政，王成彦. 铁闪锌矿低温加压浸出过程中锌、硫、铁的行为 [J]. 有色金属（冶炼部分），2012（7）：6-11.

[45] 田磊. 闪锌矿富氧加压浸出过程的基础研究 [D]. 沈阳：东北大学，2017.

[46] Jankola W A. Zinc pressure leaching at cominco [J]. Hydrometallurgy, 1995, 39（1）: 63-70.

[47] 鲁顺利. 从高铁闪锌矿的高压酸浸渣中提取硫黄 [D]. 昆明：昆明理工大学，2005.

[48] 朱晔. 高压有氧锌浸出渣分级与浮选试验研究 [D]. 武汉：武汉科技大学，2011.

[49] 刘希澄，郑文裕，赖远雄，等. 从湿法冶金含硫渣中提硫方法的研究 [J]. 有色金属（冶炼部分），1988（6）：16-19.

[50] 高积勤. 硫黄渣提纯工业硫黄工艺研究 [J]. 无机盐工业，2014（6）：44-47.

[51] 龙怀中，徐竞，彭霞辉. 选冶联合回收多金属硫化锑矿的研究 [J]. 矿冶，1997, 6（4）：54-56.

[52] 送剑飞，李立清，刘春华，等. 硫化锑高硫渣中精细硫黄的回收及其工业化 [J]. 安全与环境工程，2006, 2（13）：100-102.

[53] 林鸿汉. 从铜金精矿中湿法综合回收金银铜硫的工艺研究 [J]. 矿冶工程，2006, 1（26）：52-55.

[54] Peng P, Xie H, Lu L. Leaching of a sphalerite concentrate with H_2SO_4-HNO_3 solutions in the presence of C_2Cl_4 [J]. Hydrometallurgy, 2005, 80（4）: 265-271.

[55] 周勤俭. 从含铜锌铅矿氧压酸浸渣中回收铅和硫的研究 [J]. 有色金属：冶炼部分，1996（4）：16-18.

[56] 杨天足，赵天从. 用二甲苯从湿法冶金残渣中提取元素硫 [J]. 中南矿冶学院学报，1990, 21（2）：171-176.

[57] 李振华，王吉坤. 闪锌矿氧压酸浸渣中硫的回收研究 [J]. 矿业工程，2008, 6（6）：31-33.

[58] 张启卫，章永化. 从软锰矿与黄铁矿硫酸浸出渣中回收硫黄的研究 [J]. 中国锰矿，2002, 20（1）：8-10.

[59] 侯新刚，赵毅霞，王玉棉，等. 从铜渣氯浸渣中回收元素硫的工艺研究 [J]. 科学技术与工程，2006, 6（21）：3409-3417.

[60] 褚丽娟，张泽彪，彭金辉，等. 从硫化锌氧压酸浸渣中提取硫黄的工艺研究 [J]. 科学技术与工程，2011, 11（27）：6661-6664.

[61] 朱继民，钟竹前，梅光贵. 元素硫在（NH_4）$_2$S+NH_3 溶液中溶解的研究 [J]. 有色金属，1989（1）：61-63.

[62] 张盈，余国林，郑诗礼，等. 锌湿法冶炼硫渣中硫黄化学富集工艺 [J]. 过程工程学报，2014, 14（1）：56-63.

[63] Zahangir A, Suleyman A M, Juria T. Statistical optimization of adsorption processes for removal of 2,4-dichlorophenol by activated carbon derived from oil palm empty fruit bunches [J]. Journal of Environmental Sciences, 2007, 19（6）: 674-677.

[64] Olper M, Maccagni M, Cossali S. Process for the recovery of elemental sulphur from residues

produced in hydrometallurgical processes：US，EP1860065A1［P］. 2009-10-20.

［65］ 段元东，吕伟，王倩，等. 从低含硫尾渣中回收元素硫的研究 ［J］. 环境工程，2014，32 (S1)：670-673.

［66］ 郭儒，杨晓松，林星杰. 我国铅锌冶炼清洁生产技术现状及发展趋势 ［C］//中国环境科学学会学术年会论文集 (第四卷)，2016：5.

［67］ Berezowsky R M G S, Collins M J, Kerfoot D G E, et al. The commercial status of pressure leaching technology ［J］. JOM, 1991, 43 (2)：9-15.

［68］ Parker E G, 余楚蓉. 锌精矿的加压浸出流程 ［J］. 中国有色冶金，1983 (2)：26-33.

［69］ 马路. 热过滤法提取铜渣氯浸渣中硫的工艺研究 ［D］. 兰州：兰州理工大学，2014.

［70］ Lin H K. Characterization and flotation of sulfur from chalcopyrite concentrate leaching residue ［J］. Journal of Minerals and Materials Characterization and Engineering, 2003, 2 (1)：1-9.

［71］ 廖云军. 锌精矿氧压浸出渣熔硫工业生产改造实践 ［J］. 世界有色金属，2017 (20)：17-18.

［72］ 冯其明，黄海威，欧乐明. 锌浸渣的浮选高硫产品中硫黄与闪锌矿的分离 ［J］. 金属矿山，2012 (3)：149-151.

［73］ 韩龙，杨斌，杨部正，等. 真空蒸馏法从废杂锌锡合金中回收金属的工业试验 ［J］. 中国有色冶金，2007，2 (4)：55-57.

［74］ 彭许文. 蒸馏法处理直接浸出渣的研究 ［J］. 湖南有色金属，2016，32 (2)：43-46.

［75］ Li Hailong, Wu Xianying, Wang Mingxia, et al. Separation of elemental sulfur from zinc concentrate direct leaching residue by vacuum distillation ［J］. Separation and Purification Technology, 2014, 138：41-46.

［76］ Li Hailong, Yao Xiaolong, Wang Mingxia, et al. Recovery of elemental sulfur from zinc concentrate direct leaching residue using atmospheric distillation：a pilot-scale experimental study ［J］. Journal of the Air & Waste Management Association, 2014, 64 (1)：95-103.

［77］ 黄鑫，贺子凯. 真空蒸馏硫黄渣提取元素硫 ［J］. 工程科学学报，2002 (4)：401-414.

［78］ 胡雅楠，杨洪英，孟庆宇，等. 氧压浸锌高硫渣工艺矿物学研究及元素回收 ［J］. 有色金属 (冶炼部分)，2021 (6)：25-31.

［79］ 杨大锦，谢刚，刘俊场，等. 锌氧压浸出渣浮选硫黄后尾渣中回收铅锌、银、铁的工艺：中国专利，CN102912147A ［P］. 2013-02-06.

［80］ 罗虹霖，冯泽平，刘自亮，等. 一种从铜氧压浸出渣中回收硫黄和有价金属的工艺：中国专利，CN109590107B ［P］. 2019-04-09.

［81］ Esmaeil J, Ahmad G. Challenges with elemental sulfur removal during the leaching of copper and zinc sulfides, and from the residues：a review ［J］. Hydrometallurgy, 2017, 171 (1)：333-343.

［82］ 刘成有. 润湿现象的解释 ［J］. 重庆师范大学学报：自然科学版，2000，17 (S1)：143-147.

［83］ 钱健行. 润湿角测定装置设计及其应用研究 ［D］. 沈阳：东北大学，2014.

［84］ 杨一平，吴晓明，王振琪. 物理化学 ［M］. 北京：化学工业出版社，2009.

［85］ Young T. An essay on the cohesion of fluids ［J］. Philosophical Transactions of the Royal

Society of London，1805，95：65-87.

[86] Wenzel，Robert N. Resistance of solid surfaces to wetting by water [J]. Transactions of the Faraday Society，1936，28（8）：988-994.

[87] 吴丹. 多孔阳极氧化铝模板的制备及润湿性能研究 [D]. 广州：华南理工大学，2017.

[88] 赵丕阳. 金属表面参数及时效对润湿性的影响规律研究 [D]. 淄博：山东理工大学，2017.

[89] 姚同玉. MgCl₂ 对动态润湿角的影响 [J]. 化学工程与装备，2018，259（8）：17-18.

[90] 许多，丁建宁，袁宁一，等. 壁面材质和温度场对熔融硅润湿角的影响 [J]. 物理学报，2015，64（11）：344-350.

[91] 程广贵，张忠强，丁建宁，等. 石墨表面熔融硅的润湿行为研究 [J]. 物理学报，2017（3）：294-301.

[92] 陈康华，包崇玺. 金属/陶瓷润湿性（上）[J]. 材料科学与工程，1997，15（4）：6-10.

[93] 盛尊友. 合金元素对 Cu/W 润湿性的影响及 NdFeB 磁体/Sn-Zn-Bi 体系润湿性的研究 [D]. 西安：西安理工大学，2007.

[94] Brostow W，Gonalez V，Perez J M，et al. Wetting angles of molten polymers on thermoelectric solid metal surfaces [J]. Journal of Adhesion Science and Technology，2020，34（11）：1163-1171.

[95] Shchedrina N，Karlagina Y，Itina T E，et al. Wetting angle stability of steel surface structures after laser treatment [J]. Optical and Quantum Electronics，2020，52（3）：1-12.

[96] Umanskaya S F，Danilo V P A，Kudryashov S I，et al. Laser structuring of the surface for controlling the wetting angle [J]. Bulletin of the Lebedev Physics Institute，2019，46（1）：29-31.

[97] 徐晓龙. 玻璃表面润湿性及其与铜的低温连接 [D]. 哈尔滨：哈尔滨工业大学，2013.

[98] 刘燕，张延安，赫冀成. 气泡微细化及原位脱硫技术 [M]. 北京：科学出版社，2012.

[99] Wang R，Shen B，Sun H，et al. Measurement and correlation of the solubilities of sulfur S₈ in 10 solvents [J]. Journal of Chemical & Engineering Data，2018，63（3）：553-558.

[100] Pinho S P，Macedo E A. Solubility of NaCl，NaBr，and KCl in water，methanol，ethanol，and their mixed solvents [J]. Journal of Chemical & Engineering Data，2005，50（1）：29-32.

[101] Fan Y，Liu Y，Niu L，et al. Separation and purification of elemental sulfur from sphalerite concentrate direct leaching residue by liquid paraffin [J]. Hydrometallurgy，2019，186：162-169.

[102] Li M，Liu Y，Li M，et al. Measurement and correlation of the solubility of kaempferol monohydrate in pure and binary solvents [J]. Fluid Phase Equilibria，2021，539：113027.

[103] 李逢玲，牛艳霞，凌开成，等. 单质硫在不同溶剂中溶解度的测定与关联 [J]. 科技情报开发与经济，2011，21（5）：184-187.

[104] Ren Y，Shui H，Peng C，et al. Solubility of elemental sulfur in pure organic solvents and organic solvent-ionic liquid mixtures from 293.15 to 353.15 K [J]. Fluid Phase Equilibria，2011，312：31-36.

［105］GB/T 2449.1—2021，工业硫黄　第 1 部分：固体产品［S］.

［106］Peng D Y, Zhao J. Representation of the vapour pressures of sulfur［J］. The Journal of Chemical Thermodynamics, 2001, 33（9）: 1121-1131.

［107］刘燕，张廷安，王强，等. 因次分析法在水模型实验中的应用［J］. 工业炉，2007（6）: 9-12.

［108］谢安国，聂红. 因次分析 π 定理的应用理论研究［J］. 鞍山钢铁学院学报，1997（5）: 4-10.